JN026099

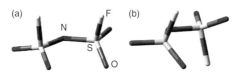

口絵 1　[FSA] アニオンの安定な立体配座
（a）シソイド，（b）トランソイド．（本文 p.9 参照）

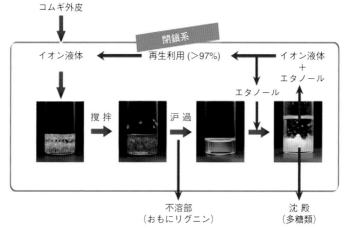

口絵 2　高極性イオン液体を用いてバイオマスからセルロースを分離するプロセス
（本文 p.108 参照）

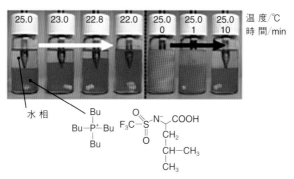

口絵 3　[P₄.₄.₄.₄]N-トリフルオロメタンスルホニルロイシン酸と水の混合物 [K.
Fukumoto, H. Ohno, *Angew. Chem. Int. Ed.*, **46**, 1853（2007）]
（本文 p.139 参照）

時間経過

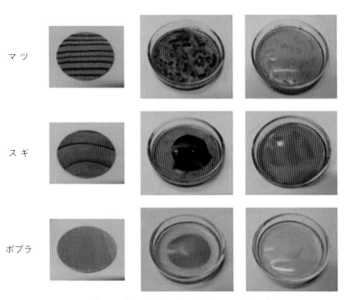

マ ツ

ス ギ

ポプラ

口絵4　[P₄,₄,₄,₄]OH 水溶液中の木片の非加熱可溶化
（本文 p.109 参照）

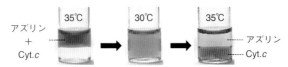

アズリン
＋
Cyt.*c*

35℃　　　30℃　　　35℃

アズリン
Cyt.*c*

口絵5　アズリンとシトクロム *c* の分離 ［Y. Kohno, H. Ohno, *et al*., *Aust. J. Chem*., **65**, 1549（2012）］
（本文 p.143 参照）

化学の要点
シリーズ

37

イオン液体

日本化学会［編］

西川惠子
伊藤敏幸［著］
大野弘幸

共立出版

『化学の要点シリーズ』
発刊に際して

　現在，我が国の大学教育は大きな節目を迎えている．近年の少子化傾向，大学進学率の上昇と連動して，各大学で学生の学力スペクトルが以前に比較して，大きく拡大していることが実感されている．これまでの「化学を専門とする学部学生」を対象にした大学教育の実態も大きく変貌しつつある．自主的な勉学を前提とし「背中を見せる」教育のみに依拠する時代は終焉しつつある．一方で，インターネット等の情報検索手段の普及により，比較的安易に学修すべき内容の一部を入手することが可能でありながらも，その実態は断片的，表層的な理解にとどまってしまい，本人の資質を十分に開花させるきっかけにはなりにくい事例が多くみられる．このような状況で，「適切な教科書」，適切な内容と適切な分量の「読み通せる教科書」が実は渇望されている．学修の志を立て，学問体系のひとつひとつを反芻しながら咀嚼し学術の基礎体力を形成する過程で，教科書の果たす役割はきわめて大きい．

　例えば，それまでは部分的に理解が困難であった概念なども適切な教科書に出会うことによって，目から鱗が落ちるがごとく，急速に全体像を把握することが可能になることが多い．化学教科の中にあるそのような，多くの「要点」を発見，理解することを目的とするのが，本シリーズである．大学教育の現状を踏まえて，「化学を将来専門とする学部学生」を対象に学部教育と大学院教育の連結を踏まえ，徹底的な基礎概念の修得を目指した新しい『化学の要点シリーズ』を刊行する．なお，ここで言う「要点」とは，化学の中で最も重要な概念を指すというよりも，上述のような学修する際の「要点」を意味している．

本シリーズの特徴を下記に示す.

1）科目ごとに，修得のポイントとなる重要な項目・概念などをわかりやすく記述する.

2）「要点」を網羅するのではなく，理解に焦点を当てた記述をする.

3）「内容は高く」,「表現はできるだけやさしく」をモットーとする.

4）高校で必ずしも数式の取り扱いが得意ではなかった学生にも，基本概念の修得が可能となるよう，数式をできるだけ使用せずに解説する.

5）理解を補う「専門用語，具体例，関連する最先端の研究事例」などをコラムで解説し，第一線の研究者群が執筆にあたる.

6）視覚的に理解しやすい図，イラストなどをなるべく多く挿入する.

本シリーズが，読者にとって有意義な教科書となることを期待している.

『化学の要点シリーズ』編集委員会
井上晴夫（委員長）
池田富樹　伊藤　攻　岩澤康裕　上村大輔
佐々木政子　高木克彦　西原　寛

まえがき

　化学のイメージとはどのようなものであろうか？　きっとフラスコに液体が入っていて煙がでているような情景を思い描くのではないだろうか．液体は水などの分子が主役であるが，世の中には例外がある．たとえば水銀は金属でありながら常温で液体である．ではカチオンとアニオンからなる塩はどうであろうか？　通常の塩は固体で，溶融させるのには高温まで加熱する必要がある．ところが，室温でも液体状の塩がつくられた．このような液体は 1983 年に Hussey らにより "ionic liquid" と名づけられて今日に至っている．わが国では「常温溶融塩」，「イオン性液体」，「室温イオン性液体」などいくつかの呼び名があったが，2005 年に文部科学省科研費特定領域研究「イオン液体の科学」が発足した際に筆者らは「イオン液体」に統一することに決めた．用語の定着にはある程度時間がかかるものだが，ようやく「イオン液体」に統一されてきた．

　イオン液体のサイエンスが発展した歴史は面白い．常温で融解している「常温溶融塩」の最初の報告は 1914 年の Walden（ドイツ・ロストック大学）によるエチルアンモニウム硝酸塩に始まるが，その後の 61 年間は何の進展もなかった．1975 年になりコロラド州立大学の Osteryoung らがピリジニウムおよびイミダゾリウム $AlCl_4$ 塩が「常温溶融塩」であることを報告して少し動き始め，1992 年の Wilkes による 1-エチル-3-メチルイミダゾリウムテトラフルオロホウ酸イオンの報告以降にイオン液体の研究が進み出した．1999 年前後から爆発的に発展し，論文数が急増した．これは，ちょうど，グリーンケミストリーの考えが世の中に広がるのと時を同じくしている．ユニークな溶解性をもつ液体ということのみならず，

揮発しない，燃えない溶媒で，グリーンケミストリーのコンセプトに合う溶媒として，研究者人口の多い有機合成化学分野で広がった．ついで，液体としての性質の面白さで物理化学の分野で研究が広がり，その後はメインのトピックスが変わりつつも研究分野が拡大し続け，1999 年から本年までに 10 万報を超える論文が発表されている．最近では，観点を違えたイオン液体の用途がどんどん広がり，グリーンケミストリーを超える幅広い領域での利用が期待されている．設計指針の進歩に伴い，機能をもった新しい液体としても注目を集めるようになった．

　本書では，イオン液体の基礎から最前線に至るトピックスまでを紹介するが，イオン液体という面白い物質群のサイエンスを包括的に眺めることで，本書がみなさんの研究のヒントになり，常識を覆すサイエンスの萌芽になれば幸いである．

　なお，イオン液体の正式名称は長い場合が多い．このため，本文中ではできるだけ略号で示すようにした．イオン液体の具体的な構造は本文中でも示しているが，本書で紹介するおもなイオン液体の略号，名称ならびに構造式をリストにして目次の後の表 1 にまとめたので参照していただきたい．

　2021 年 2 月

著 者 一 同

目　　次

コラム目次

表1. 本書で取り上げたイオン液体のカチオン，アニオンの略号と名称およびその構造式

略 号	名 称[a]	構造式
[C$_2$mim]$^+$	1-ethyl-3-methylimidazolium	
[C$_3$mim]$^+$	1-methyl-3-propylimidazolium	
[moemim]$^+$	1-(2-methoxyethyl)-3-methylimidazolium	
[C$_4$mim]$^+$	1-butyl-3-methylimidazolium	
[C$_4$dmim]$^+$	1-butyl-2,3-dimethylimidazolium	
[C$_6$C$_2$im]$^+$	1-ethyl-3-hexylimidazolium	
[C$_8$C$_8$im]$^+$	1,3-dioctylimidazolium	
[C$_{11}$im]$^+$	3-undecanylimidazolium	
[AAim]$^+$	1,3-diallylimidazolium	
[VC$_2$im]$^+$	1-ethyl-3-vinylimidazolium	
[HSO$_3$C$_4$mim]$^+$	1-methyl-3-(4-sulfobutyl)imidazolium	
[L-ProMe]$^+$	(S)-1-butyl-2-methyl-3-(pyrrolidin-2-ylmethyl)imidazolium	
[D-ProMe]$^+$	(R)-1-butyl-2-methyl-3-(pyrrolidin-2-ylmethyl)imidazolium	

（つづく）

略号	名称 [a]	構造式
[Tz1]$^+$	1-butyl-3-methyl-1,2,3-triazolium	
[Tz2]$^+$	1-benzyl-3-methyl-1,2,3-triazolium	
[Tz3]$^+$	1-butyl-3-methyl-5-(hydroxylmethyl)-1,2,3-triazolium	
[Ch]$^+$	cholinium [b]	
[TEA]$^+$	tetraethylammonium	
[C$_{16}$tam]$^+$	*N*-cetyl-*N,N,N*-trimethylammonium	
[N$_{1,2,2,\text{ME}}$]$^+$	*N,N*-diethyl-*N*-methyl-2-methoxyethanaminium	
[N$_{1,2,2,\text{MEM}}$]$^+$	*N,N*-diethyl-*N*-methyl-*N*-(2-methoxyethoxymethyl)ammonium	
[N$_{1,12,12,12}$]$^+$	*N,N,N*-tri(dodecyl)-*N*-methylammonium [c]	
[PyC$_2$]$^+$	*N*-ethylpyridinium	
[PyC$_3$]$^+$	*N*-propylpyridinium	
[PyC$_4$]$^+$	*N*-butylpyridinium	
[Py$_{\text{MP}}$]$^+$	*N*-(3-methoxypropyl)pyridinium	
[Pyrr$_{1,\text{ME}}$]	1-(2-methoxyethyl)-1-methylpyrrolidin-1-ium	

表 1. イオン液体のカチオン，アニオンの略号，名称および構造式   *xiii*

略号	名称[a]	構造式
[Pyrr$_{1,\text{MEM}}$]$^+$	1-((2-methoxyethoxy)-methyl)-1-methylpyr-rolidin-1-ium	
[Pip$_{2,2}$]$^+$	1,1-diethylpiperidinium	
[Pip$_{1,3}$]$^+$	1-methyl-1-propyl-piperidinium	
[TMGT]$^+$	1,1,3,3-tetramethyl-guanidinium	
[P$_{1,4,4,4}$]$^+$	tributyl(methyl)phos-phonium	
[P$_{4,4,4,4}$]$^+$	tetrabutylphosphonium	
[P$_{4,4,4,\text{ME}}$]$^+$	tributyl(2-methoxyeth-yl)phosphonium	
[P$_{4,4,4,\text{MEM}}$]$^+$	tributyl(2-methoxy-ethoxyethyl)phospho-nium	
[P$_{1,8,8,8}$]$^+$	methyltrioctylphophoni-um	
[P$_{6,6,6,14}$]$^+$	tri(*n*-hexyl)tetradecyl-phosphonium	
[TAC1]$^+$	1,2,3-tris(*N,N*-diethyl-amino)cyclopropenium	
BF$_4^-$	tetrafluoroborate（テトラフルオロホウ酸イオン）	
PF$_6^-$	hexafluorophosphate（ヘキサフルオロリン酸イオン）	

（つづく）

表1．イオン液体のカチオン，アニオンの略号，名称および構造式

略　号	名　称 a)	構造式
[OAc]⁻	acetate（酢酸イオン）	
[C₂COO]⁻	propionate（プロピオン酸イオン）	
[L-Lac]⁻	L-lactate（L-乳酸イオン）	
[L-Ala]⁻	L-alaninate（L-アラニンイオン）	
[TFA]⁻	trifluoroacetate（トリフルオロ酢酸イオン）	
[GE]⁻	geranic acid anion（ゲラン酸イオン）	
[BTC]³⁻	1,3,5-benzenetricarboxylic acid anion（トリメシン酸イオン）	
NO₃⁻	nitrate（硝酸イオン）	
[DCA]⁻	dicyanamide（ジシアナミドイオン）	
[NTf₂]⁻, [TFSA]⁻	bis(trifluoromethylsulfonyl)amide（ビス(トリフルオロメチルスルホニル)アミドイオン）	
[FSA]⁻	bis(fluorosulfonyl)amide（ビス(フルオロスルホニル)アミドイオン）	
[EtNSO₂C₈F₁₇]⁻	*N*-ethyl-(heptadecafluorooctylsulfonyl)amide（エチル(ヘプタデカフルオロオクチルスルホニル)アミドイオン）	

表1. イオン液体のカチオン，アニオンの略号，名称および構造式　*xv*

略　号	名　称 a)	構造式
$H_2PO_4^-$	dihydrogen phosphate （リン酸二水素イオン）	$HO-\overset{\overset{O}{\|\|}}{\underset{\underset{OH}{\|}}{P}}-O^-$
$[(MeO)(H)PO_2]^-$	methyl phosphite （亜リン酸メチルイオン）	$MeO-\overset{\overset{O}{\|\|}}{\underset{\underset{H}{\|}}{P}}-O^-$
$[DMPO_4]^-$	dimethyl phosphate （リン酸ジメチルイオン）	$MeO-\overset{\overset{O}{\|\|}}{\underset{\underset{OMe}{\|}}{P}}-O^-$
$[Bu_2PO_4]^-$	dibutyl phosphate （リン酸ジブチルイオン）	$BuO-\overset{\overset{O}{\|\|}}{\underset{\underset{OBu}{\|}}{P}}-O^-$
$[OMs]^-$	methanesulfonate （メタンスルホン酸イオン）	$H_3C-\overset{\overset{O}{\|\|}}{\underset{\underset{O}{\|\|}}{S}}-O^-$
$[OTf]^-$	trifluoromethanesulfonate （トリフルオロメタンスルホン酸イオン）	$F_3C-\overset{\overset{O}{\|\|}}{\underset{\underset{O}{\|\|}}{S}}-O^-$
$[AOT]^-$	1,4-bis((2-ethylhexyl)oxy)-1,4-dioxobutan-2-sulfonate （1,4- ビス (2-エチルヘキシル)オキシ-1,4-ジオキシブタン-2-スルホン酸イオン	
HSO_4^-	hydrogen sulfate （硫酸水素イオン）	$HO-\overset{\overset{O}{\|\|}}{\underset{\underset{O}{\|\|}}{S}}-O^-$
$[MeSO_4]^-$	methyl sulfate （硫酸メチルイオン）	$MeO-\overset{\overset{O}{\|\|}}{\underset{\underset{O}{\|\|}}{S}}-O^-$
$[EtSO_4]^-$	ethyl sulfate （硫酸エチルイオン）	$C_2H_5O-\overset{\overset{O}{\|\|}}{\underset{\underset{O}{\|\|}}{S}}-O^-$

（つづく）

　　表1. イオン液体のカチオン，アニオンの略号，名称および構造式

略 号	名 称 a)	構造式
$[C_5F_8SO_4]^-$	2,2,3,3,4,4,5,5-octafluoropentyl sulfate（硫酸オクタフルオロペンチルイオン）	
$[C_{16}(PEG)_{10}SO_4]^-$	cetyl-polyethyleneglycol-10-sulfate（硫酸セチルポリエチレングリコール 10 イオン）	
CTAB	*N*-cetyl-*N,N,N*-trimethylammonium bromide	

a) 第四級アンモニウム塩についてはすべて ammonium として統一的に命名した.
IUPAC 則に従った名称は下記のとおりである.
b) 2-hydroxy-*N,N*-trimethylethanaminium
c) *N,N*-didodecyl-*N*-methyldodecan-1-aminium

第 1 章

イオン液体とは何か？

1.1 振り返る

　イオンだけからなる物質は,「塩 (エン)」とよばれている. 代表例である塩化ナトリウム (NaCl) の融点が 801℃ であることが示すように, 通常, 塩の融点は高い. 塩であるにもかかわらず, 常温付近で液体である物質群が創製され [1], イオン液体 (ionic liquid：IL) と名づけられた. それ以来, 物質科学の世界で大きな注目を集めてきた [2–10]. 通常の液体の概念を破る多様でユニークな現象に, 広範な分野の研究者は大きな興味を示している. イオン液体を利用しようとする研究者の注目点は, イオン液体が蒸発しない液体であることと電荷をもった液体であることである. 液体には蒸発がつきものであるが, イオン液体は空気中で安定に存在し, 蒸気圧が実質的にゼロである. また, さまざまな物質を溶解させ, 電子やイオンも流す. これを媒体として用いる新しい多彩な科学の展開への期待は大きい. イオン液体の多くは有機イオンや錯イオンから構成されている. 材料科学者は, イオンをデザインすることによりさまざまな物性を発現させ, 種々の機能を有する液体を創製できることに注目している. さらに, 構成カチオン・アニオンの種類と組合せを変えることにより, 数限りないイオン液体を, しかもさまざまな用途に合わせた最適な液体として作り出せる. このように,

イオン液体は基礎科学から応用分野まで活躍する物質群といえる．実用可能なイオン液体が合成されて以来，物質科学の分野で大きな注目と期待が寄せられて30年を経過した今もなお，新しい液体として多彩な基礎研究とその応用展開が進んでいる．

「イオンだけからなる液体」への関心はいつから始まったのか？特定することはむずかしいが，Walden の論文 [11] をその端緒とすることが多い．塩は，カチオン–アニオンの強いクーロン（Coulomb）相互作用により融点が高く，一般的には常温で結晶として存在する．しかし，塩としての性質をもったまま常温で液体になれば，機能性液体としてさまざまな展開が期待される．最初に注目を寄せたのは，電気化学分野の研究者たちである．電気を運ぶ媒体としての溶融塩（molten salt）が室温でも液体状態であれば，さまざまな電気化学の分野で利用しやすくなる．このため，溶融塩の融点を下げる努力がなされた．異なる塩を混ぜることによる共融点の低下を利用して，さまざまな塩の混合により低融点化が試みられた．そのなかで，成功を収めたのが塩化アルミニウム（AlCl$_3$）の添加による低融点化である．1970年代，アルミネート類（(AlCl$_3$)$_n$Cl$^-$）をアニオンとする塩が数多く合成された．カチオンをさまざまに選択することにより，融点が室温以下になる系もいくつか見出されている．そのなかで，アルキルピリジニウム系やイミダゾリウム系のカチオンも試みられており，現在のイオン液体群の萌芽を見ることができる．

しかし，アルミネート類の大きな欠点は，空気や水に対して不安定なことである．これらに対して安定な常温溶融塩の出現は，1992年の Wilkes らの成果を待たなければならなかった [1]．Wilkes らがつくった空気や水に安定な最初のイオン液体は [C$_2$mim]BF$_4$ である（イオン液体の略号については目次の後の表1および1.2節参

照）．これ以後，電解質としての興味だけでなく，蒸発せずかつ難燃性，熱安定性の良い反応場や分離場として一気に脚光を浴びるようになった．この Wilkes らの論文 [1] が，現在のイオン液体研究と利用の隆盛のきっかけとなったといえるであろう．

　溶融塩から常温溶融塩を経て，本書で扱っているイオン液体には長い歴史がある．そのあたりの事情を紹介した Wilkes［12］および宇井ら［13］による総説があるので，詳細はそちらを参考にされたい．

　イオン液体は，「イオンだけから構成された融点の低い塩」と定義される．「融点の低い塩」と曖昧な表現をしたが，多くは 100℃以下の融点をもつ塩をイオン液体と定義していることが多い．

1.2　創　　る

　イオン液体を構成する化学種はいうまでもなくカチオンとアニオンである．では，どのようなカチオンやアニオンがイオン液体の構成イオンとなるのであろうか？　ここでは，イオン液体を設計し創るための基本的指針を説明し，イオン液体の構成イオンとなる代表的なカチオンとアニオンについてまとめる．具体的なイオン液体合成法は，本書 2.1 節を参照されたい．

　イオン液体を創ることは，結晶化しにくい塩を創ることと同義である．そのような塩を設計・合成するための 2 つのポイントを挙げることができる．

　　①クーロン相互作用を弱めること
　　②イオンの規則的な配列を妨げること

　まず，①に関して説明する．粒子間相互作用で最も強い静電相互作用はクーロン相互作用であり，塩の結晶化で最も大きな役割をす

る．クーロン相互作用は，電荷間の距離に反比例する．イオン間の距離を大きくする，すなわち，かさ高いイオンの組合せは，融点を下げることに劇的に作用する．ただし，イオンが大きすぎると，今度は分子としての性質が現れ，融点が上昇することになる（コラム1参照）［14］．また，有機イオンの場合，共鳴構造で電荷を非局在化させることにより，クーロン相互作用を弱めることもできる．

電気的な相互作用の強さをおおまかに順序づけると，以下のようになる．

クーロン相互作用 > 水素結合 > 多重極子相互作用（双極子，四重極子，八重極子間の相互作用）> π-π 相互作用 > ファンデルワールス（van der Waals）相互作用

クーロン相互作用に加えて，その他の電気的相互作用を取り入れることにより，粒子間にはたらく相互作用を微妙に調節することができる．

②について概要を述べる．粒子が規則的に並ぶことで液体は結晶に相転移する．非対称な構造のイオンを用いてイオンが並びにくくすることにより，結晶化しにくくすることができる（詳しくは後述）．

今一つ結晶化を阻害するものがある．それは，イオンの立体配座の多様性と柔軟さである．複数の立体配座が存在する場合，多くのイオン液体の液体⇔結晶の相転移において，液相では複数の立体配座，結晶相では単一の立体配座をとることが多い．単純なイオンからなる塩に比べて，複数の立体配座のイオンが1つの構造にそろい，結晶化するのは容易ではない．また，比較的小さなエネルギー障壁で複数の立体配座を行き来できる柔軟な骨格を有するイオンからなる塩も結晶化しにくい．

　上記のことを熱力学的にまとめてみる．液体⇔結晶の相転移を支配しているのはギブズ（Gibbs）エネルギー G である．

$$\Delta G_T = \Delta H_T - T \Delta S_T = 0$$

コラム 1

イミダゾリウム系イオン液体融点の側鎖長依存性

　代表的イオン液体である［$C_n$mim］X（X＝Cl，BF_4，PF_6）の融点が，側鎖の長さによってどのように変わるかを図に示す．Cl 塩が総じて融点が高いのは，Cl^- は極性が高く，かつイオン半径が小さいためである．アニオンによらず $n＝1～4$ までは n の増加とともに急激に融点が減少する．カチオンの非対称性と側鎖の柔軟さが顕著に影響しているためと推察できる．$n>10$ となると，アルキル基どうしの相互作用によりこれらの基が平行に並んだ構造を取りやすく，結晶となりやすい．グラフはデータ集［1］と［2］を参考に作成したものである．

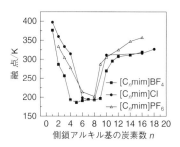

図　イミダゾリウム系液体の融点と側鎖長の関係

［1］X. He, X. Lu, X. Zhang, *J. Phys. Chem. Ref. Data*, **35**, 1475（2006）.

［2］P. Brown, C, Butts, J. Eastoe, "Surfactant Science and Technology"
　　Ed. by L. S. Romsted, p.409, Fig. 4, Taylor & Francis Group（2014）.

の成り立つ温度 T が相転移温度である．ΔG_T，ΔH_T，ΔS_T は，相転移におけるギブズエネルギー変化，エンタルピー変化，エントロピー変化である．粒子間相互作用を弱めることはエンタルピー項を小さくすることに対応し，立体配座の多様性やイオンの柔軟さはエントロピー項を増加させることにはたらく．すなわち，エンタルピー変化が小さいほど，エントロピー変化が大きいほど，相転移温度（融点）は低くなる．

　以上，構造および熱力学的見地からイオン液体を構成するイオンを概観したが，渡邉は，溶媒や溶質のドナー性（ルイス（Lewis）塩基性，求核性）とアクセプター性（ルイス酸性，求電子性）に基づくドナー・アクセプター理論の立場で，系統的に議論している [15]．一般に，イオン液体は，ルイス酸性の低いカチオンとルイス塩基性の低いアニオンとの組合せで構成されている．

　イオン液体のおもな構成イオンの構造式と略号を図1.1にまとめる．略号は，研究者によっていくつかの様式があるが，略号を見ただけでイオン種がイメージしやすいものが好まれて使われている．詳しくは，本書目次の後の表1あるいはイオン液体研究会のサーキュラー No.1 [16] を参照されたい．

　イオン液体の典型的カチオンの基礎骨格をまとめると，ⓐイミダゾリウム系，ⓑピリジニウム系，ⓒピロリジニウム系，ⓓピペリジニウム系，ⓔアンモニウム系，ⓕホスホニウム系となる（図1.1 (a)）．側鎖は，最も基本的なアルキル基の場合を示しているが，アルキル基の長さを変えたり，一部メチレン基（$-CH_2-$）をエーテル酸素（$-O-$）や$-CF_2-$（ポイントフッ素化）に変えて，側鎖の柔軟性を調整して結晶化のしにくさや，ガラス転移温度や融点，粘性などの物性を制御することも可能である．このように，基本のアルキル基をさまざまに変化させたり，そのアルキル基に種々の官

(a)

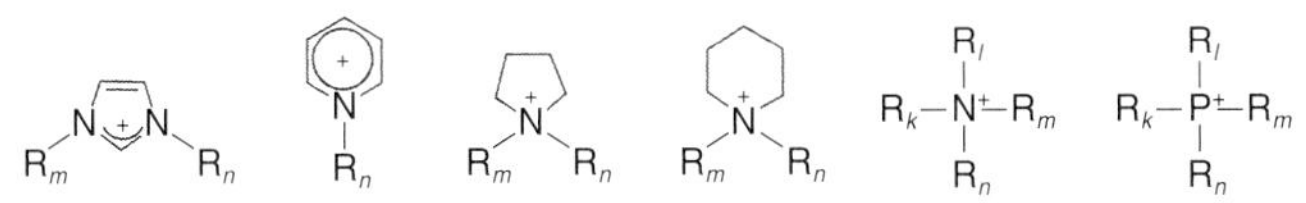

[C$_m$C$_n$im]$^+$　　[C$_n$py]$^+$　[Pyrr$_{m,n}$]$^+$　[Pip$_{m,n}$]$^+$　[N$_{k,l,m,n}$]$^+$　[P$_{k,l,m,n}$]$^+$

$m=1$ の場合

[C$_n$mim]$^+$

(b)

単原子アニオン　　　　　　　Cl$^-$，Br$^-$，I$^-$

フッ素系無機アニオン　　　　BF$_4$$^-$，PF$_6$$^-$

非フッ素系無機アニオン　　　NO$_3$$^-$，NO$_2$$^-$

フッ素系有機アニオン　　　　CF$_3$SO$_3$$^-$，CF$_3CO_2$$^-$，(FSO$_2$)$_2N^-$，(CF$_3SO_2$)$_2N^-$

　　　　　　　　　略　号　　[OTf]$^-$　　[TFA]$^-$　　[FSA]$^-$　　[NTf$_2$]$^-$ または [TFSA]$^-$

非フッ素系有機アニオン　(CN)$_2$N$^-$，CH$_3$COO$^-$

　　　　　　　略　号　　[DCA]$^-$　　[OAc]$^-$

図 1.1　イオン液体を構成する代表的なカチオンの骨格と略号（a）および代表的なアニオンと略号（b）

(a) ⓐイミダゾリウム系，ⓑピリジニウム系，ⓒピロリジニウム系，ⓓピペリジニウム系，ⓔアンモニウム系，ⓕホスホニウム系．略号は，側鎖がアルキル基の場合を示した（R$_n$：C$_n$H$_{2n+1}$).

能基を付けることもでき，物性制御や新規機能発現を行うことができる．イオン液体がデザイナー液体（designer liquid）とよばれる所以である．

　融点を下げる工夫として，非対称のイオンを利用することを述べた．たとえば，イミダゾリウム環の窒素（N）原子の側鎖は，一方がメチル基で他方が他のアルキル基の場合が多い（この場合，略号は [C$_n$mim]$^+$）．これは，イオン形状の非対称性をねらったものといえる．これに限らず，側鎖として異なるアルキル基を用いることにより，融点を調節することができる（コラム 1 参照）．

　側鎖の柔軟さを示す例として，[C$_4$mim] カチオンを例にとる．

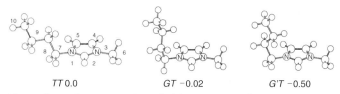

TT 0.0   *GT* −0.02   *G'T* −0.50

図 1.2 ［C₄mim］カチオンがとる代表的な立体配座 [S. Tsuzuki, *et al.*, *J. Phys. Chem. B*, **112**, 7740 (2008)]

T あるいは *G* は，窒素1と炭素7を基軸としてブチル基のトランス体あるいはゴーシュ体を示す．*G'T* は炭素8と炭素9の結合軸が *GT* の反対側のゴーシュ体．数値は，量子力学的計算より求めた *TT* を基準としての相対エネルギー（kcal mol⁻¹＝4.2 kJ mol⁻¹）．

図 1.2 において，量子力学的計算による［C₄mim］カチオンの計算結果が示すように，安定な3種類の回転異性体（*TT*，*GT*，*G'T*）にはほとんどエネルギー差がない［17］．実際，［C₄mim］PF₆ では，液体ではカチオンは少なくともこれら3種の立体配座の混合状態であり，結晶もこれらの立体配座に応じて結晶⇔結晶の複雑な相転移を示す［18］．

側鎖に限らず，環構造に柔軟さを導入することもよく行われる．ピロリジニウム系とピペリジニウム系がそれにあたる．とくにピロリジニウム系での環運動パッカリングは，アルキル基の運動より柔軟なこともある［19］．

図 1.1(a) において，ⓐ，ⓑは芳香族系で陽電荷が環全体に非局在化し共鳴構造をとっているのに対して，ⓒ〜ⓕは非芳香族系であり陽電荷は比較的 N 原子またはリン（P）原子上に局在化している．これから生ずる物性の違いも興味深い．

イオン液体を構成する典型的なアニオンとその略号を図 1.1(b) にまとめる．最も簡単なアニオンは，ハロゲン化物イオン（Cl⁻，Br⁻，I⁻）である．カチオンがイオン液体の物性に及ぼす効果に焦

点を当てて基礎研究する場合に，その対アニオンとしてしばしば用いられている．ハロゲン化物イオン液体は，他のアニオンのイオン液体に比べて，一般に高融点，高粘性，高吸湿性などであり，実用面では欠点がある．しかし，極性が高いイオン液体としては注目すべきである．セルロースを溶かすことができるイオン液体として最初に注目を浴びたのは，[C₄mim]Cl である [20]．

BF_4^-，PF_6^- も頻繁に用いられるイオン液体構成アニオンであるが，水と混合して用いると加水分解して微量のフッ化水素（HF）を生ずるという報告もある．また，両イオンとも形状が等方的で球形に近い．配向秩序を失った結晶，すなわち柔粘性結晶（plastic crystal）をつくりやすいアニオンといえる（コラム 2 参照）．

[FSA]⁻ や [NTf₂]⁻ をアニオンとするイオン液体は吸湿性も少なく，低融点，低粘性である．低融点，低粘性は，電荷の非局在化とともに F−SO₂−基または CF₃−SO₂−基の N 原子の周りの容易な回転による柔軟さによるところが大である．それぞれに 2 つの安定な回転異性体が存在し，シソイド（cisoid），トランソイド（transoid）とよばれている．図 1.3 に [FSA]⁻ の 2 つの回転異性体を示す．[FSA]⁻，[NTf₂]⁻ のどちらのアニオンにおいても回転異性体エネルギー差は比較的小さく，柔軟な構造をもつアニオンの代表といえる．

特殊な例をいくつか紹介する．大野らは，必須アミノ酸すべてに

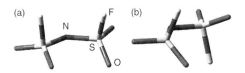

図 1.3 [FSA] アニオンの安定な立体配座
（a）シソイド．（b）トランソイド．（カラー図は口絵 1 参照）

---------- コラム 2 ----------

柔粘性結晶

　イオン液体を合成する化学者は，室温付近で液体状態の塩をつくることに注力してきた．しかし，イオン液体のさまざまな用途が見出されるなかで，液体と結晶の中間的な状態の物質（柔らかく形状を保つ物質）も求められるようになった．

　液晶（liquid crystal）と柔粘性結晶（plastic crystal）は，結晶と液体の中間状態として，しばしば対比される相である．分子やイオンの配向と重心位置が規則的に並んだ相が結晶であり，両者が解けている相が液体である．液晶は「配向秩序をもつが，重心位置の秩序が解けている相」であり，柔粘性結晶は「配向秩序は解けているが，重心位置は秩序だっている相」である（表参照）．前者は棒状の分子やイオンにより，後者は球形に近い分子やイオンによって形成され，出現温度領域は液体と結晶の間となる．

表　分子またはイオンの重心と配向秩序性からみた 4 つの相

	重　心	配　向
液　体	×	×
柔粘性結晶	○	×
液　晶	×	○
結　晶	○	○

○，×は秩序の有無を示す．

　ベルギーの Timmermans は有機物の物性をまとめている際に，分子形状が球形に近いと相変化や相変化時のエントロピー変化に特徴があることを見出した．そして，液相と結晶相の間に出現する中間相を plastic crystal と名づけた（1938 年）．また，配向については融解しているので，融解エントロピーは通常の物質より低く，plastic crystal の判定基準を「5 e.u.（entropy unit；cal K^{-1} mol^{-1}）≈ 21 J K^{-1} mol^{-1} 以下」とした [1]．同時期に，大阪大学の仁田　勇，関　集三の研究グループは，この中間相に気づき，構造・熱物性・分子運動に着目し，数多くの柔粘性分子結晶の研究を組織的・系統的に展開している．ま

た，plastic crystal を柔粘性結晶と日本語訳した．詳しくは，総説［2］を参照されたい．

　発見当初は分子性の柔粘性結晶が一般的であり，この相を採る物質として，四塩化炭素（CCl_4），シクロヘキサン（C_6H_{12}），アダマンタン（$C_{10}H_{16}$），C_{60}などのフラーレンなどを挙げることができる．イオン液体の発見以来，柔粘性イオン結晶が注目を集めている．イオンの形状が比較的球形に近い物質が，柔粘性イオン結晶となる．カチオンでは，$[Pyrr_{1,1}]^+$，$[Pyrr_{1,2}]^+$，$[Pyrr_{2,2}]^+$，$[N_{1,1,1,1}]^+$，$[N_{1,1,1,2}]^+$などが［3］，アニオンでは BF_4^-，PF_6^-，$[FSA]^-$，$[NTf_2]^-$などがその候補となる．

　柔粘性イオン結晶は柔らかく，可塑性に富んでいる．また，隣接イオンが，結晶格子を壊すことなくイオン対の組換えをすることができる．これは，結晶中でイオンがジャンプすることに相当し，固体イオン伝導体として注目されている．とくに，リチウムイオン電池の電解液を固体化する全固体電池として大きな関心を集めている．実際，MacFarlane らは柔粘性イオン結晶にリチウム（Li）塩をドープしたリチウムイオン伝導体を発表している［4］．

　球状と近似できる分子やイオンが高速で回転しているのか，それとも，さまざまな配向の乱れなのか，議論のあるところである．分子やイオンによっても異なるし，個々の観測手段が得意とするタイムスケールの違いも考慮すべきである．比較的遅いダイナミクス測定を得意とする NMR では分子やイオンは回転しているとみなせるし，X線構造解析ではさまざまな方向を向いた分子やイオンの平均と見ることができるであろう．また，回転と述べたが，イオン全体の剛体的な回転や，ある軸周りの回転，さらには最安定構造を中心としたその周りでの秤動運動など，さまざまな運動様式が考えられる．

［1］J. Timmermans, *J. Phys. Chem. Solids*, **18**, 1（1961）.
［2］関 集三，化学と工業，**15**, 1226（1962）.
［3］H. Yamada, Y. Miyachi, Y. Takeoka, M. Rikukawa, M. Yoshizawa-Fujita, *Electrochimica Acta*, **303**, 293（2019）.
［4］一例として D. R. MacFarlane, J. Huang, M. Forsyth, *Nature*, **402**, 792（1999）.

ついて，これをアニオンとするイオン液体を合成（対カチオンは
[C_2mim]$^+$）した [21]．生体を構成する基本骨格をアニオンとして
含む媒体としてバイオ関係の観点からも興味深い．

　萩原らによって合成されフルオロヒドロゲネートと名づけられた
(HF)$_n$F$^-$ を含むイオン液体は，電気化学デバイスとして求められ
ている性質，すなわち高電気伝導度および低粘性に特徴がある
[22]．とくに [C_2mim][HF]$_{2.3}$F は，長い間チャンピオンデータを
誇っていた．その後，さらに高電気伝導度の同系列のイオン液体が
同じ研究者らにより開発されたが，実用性などの観点からも，
[C_2mim][HF]$_{2.3}$F が優れているようである．

　そのほかにも，金属を含む錯イオンを構成イオンとすることも可
能である．四塩化鉄イオン（FeCl$_4^-$）などの常磁性イオンを構成
アニオンとするイオン液体は磁石にくっつく磁性イオン液体として
話題になった [23, 24]．触媒機能を生かすために金属錯イオンを
カチオンとして取り入れたイオン液体の合成や触媒機能発現の研究
[25] も盛んである．

1.3　魅せる

　すでに何千ものイオン液体が合成されていると思われる．それぞ
れにより，物性や機能は異なるが，ここではイオン液体の一般的特
徴を概観し，そのユニークさと魅力を述べる．本節で言及しない項
目については，本書の各論の詳しい解説（本書○.○節あるいは
○.○.○項と表示）や引用文献を参照されたい．

- 低融点あるいは結晶化しにくいこと（本書 1.2 節）
- 高い熱安定性
- 物性や機能のデザインが可能なこと（本書 3.1 節）

- イオンが構成単位であること→電気を流す→高イオン伝導度（本書 3.3 節）
- 広い電位窓
- 難揮発性（本書 3.4.3 項および 3.4.4 項））
- 難溶性物質の可溶化（セルロース，リグニン，バイオマスなど）（本書 3.2.3 項）
- 特定ガスの吸蔵（本書 3.2.1 項）
- 両親媒性
- ドメイン構造の存在（本書 1.4 節）
- 複雑かつ遅い相転移や構造緩和の存在（本書 1.5 節）

このなかで，いくつかの特徴について少し詳しく述べる．

まず，難揮発性について述べよう．イオン液体は，通常，蒸気圧は非常に低く実質上無視できる．イオン液体にも蒸気圧があり，蒸留することができるという論文が話題になるほどであった [26, 27]．難揮発性はイオン液体が塩であることに起因し，通常の分子性液体とまったく異なる物性である．蒸発しない液体は反応場として利用する際にも大きなメリットであり，イオン液体を環境調和型媒体とする一つの拠り所となっている．また，反応媒体として利用したのち，容易に再生することもできる（本書 2.1.3 項参照）．しかし，難揮発性であることは，蒸留により精製ができないという欠点ともなる．ユニークな特性という観点で見る．難揮発性であることは，真空中で液体として存在し（図 1.4）[28]，液体を真空中で扱えることであり，イオン液体を使った真空中での液体科学や液体技術が展開できることを意味する．この特徴を生かした日本発の科学や技術が生み出された．生体や絶縁体を試料として，これらにイオン液体を塗布することにより可能になった走査型電子顕微鏡観察

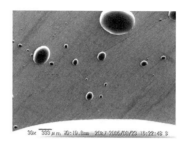

図 1.4 真空中の ［C₄mim］PF₆ の SEM（走査型電子顕微鏡）像 [S. Kawabata, *et al.*, *Chem. Lett.*, **35**, 600（2006）]
黒い粒が ［C₄mim］PF₆ の液滴.

については，本書3.4.3項に詳しい．また，低真空中で行うスパッタリング法によるイオン液体中への安定化剤を必要としない新規ナノ粒子の合成については，本書3.4.4項を参照されたい．

　両親媒性について述べる．イオン液体単体での研究や利用に加えて，分子性液体などとの混合系についても関心が集まっている[29]．そのなかでも興味深いのは水との混合系である[30]．イオン液体は，主たる相互作用がイオン間のクーロン相互作用である塩であるのに対して，水は水素結合を主たる相互作用とした分子性物質である．いわば，両極端の異なる物どうしの混合物といえる．

　イオン液体を水と混合した場合，親水的か疎水的かがまず注目される．イオン液体の場合，電荷をもつイオンから構成され極性をもつことに起因する親水性と，構成イオンの多くが有機イオンであることに起因する疎水性を併せ持つ両親媒性となる．古賀のグループが，微分的溶液熱力学法[31]で，イオン液体を構成する代表的なイオンについて親水性と疎水性を定量化している[32]．

　疎水性および親水性の強さおよびそのバランスにより，混合系にはさまざまな混合状態が出現する．完全に混ざり合う状態や，クラ

スター形成（ミクロな相分離）を経ての相分離などである．相分離は水に富む相と，イオン液体に富む相への分離である．この相分離は，成分比および温度によって制御できる．相分離は，混ざり合っている相（場）から，2つの相（場）への分離と言い換えることができる．水に溶けやすい物質とイオン液体に溶けやすい物質をうまく分配できることになり，新規分離場として注目されている．大野のグループは，ホスホニウム系イオン液体を系統的につくり，水との混合系において，相分離の有無，相分離する場合は上部臨界溶解温度（upper critical solution temperature：UCST）を有するか下部臨界溶解温度（lower critical solution temperature：LCST）を有す

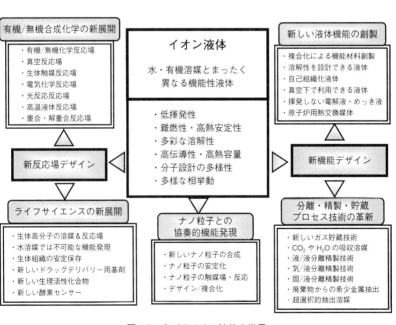

図 1.5　広がるイオン液体の世界

るかを調べている [30]．相分離を利用した分離場については，本
書 3.5.3 項を参照されたい．

　ここでまとめたのはイオン液体の魅力のごく一部にすぎない．イ
オン液体のユニークな特徴と，今後どのような分野で利用されるか
を図 1.5 にまとめる．

1.4　液体に構造？

　液体や溶液といえども，分子やイオン間の相互作用を反映した構
造が存在する．しかし，多くの液体では，その構造は注目する分子
やイオンを中心として（中心粒子とよぶことにする），1〜2 近接分
子程度からなる．たとえば，イオンや金属錯体の水溶液では，中心
粒子の周りに配位水というかたちで構造をつくる [33]．一方，有
機物の水溶液では，疎水性の中心粒子の周りに水が包接型の配位構
造をつくり，これは iceberg 構造として知られている．また，純液
体で長距離に及ぶ構造例としては，常温の水では端から端まで水素
結合のネットワークが形成されているとされている（パーコレー
ション）．

　イオン液体単体においても，長距離に及ぶネットワーク構造の存
在が計算機シミュレーションや回折実験で明らかになった．ここで
は，最も有名な Lopes らの分子動力学（molecular dynamics：MD）
シミュレーションの結果を示す [34]．彼らは，$[C_n mim]PF_6$（$n=$
$2, 4, 6, 8, 12$）に対して計算を行った．700 イオン対を有する立方体
の中で，アニオンとカチオンの分布（図 1.6(a)）と極性部分（カ
チオンのイミダゾリウム環とアニオン PF_6^-）と非極性部分（カチ
オンのアルキル側鎖）がどのように配置しているか（図 1.6(b)〜
(f)）を，スナップショットというかたちで示した．とくに後者の

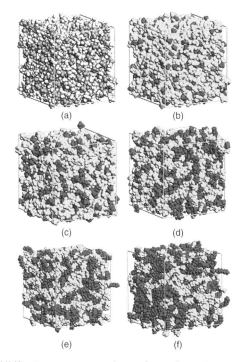

図 1.6 計算機シミュレーションで求めた ［C$_n$mim］PF$_6$（n=2, 4, 6, 8, 12）
のイオン配置のスナップショット［J. N. A. C. Lopes, *et al., J. Phys.
Chem. B.*, **110**, 3332（2006）］
（a）n=2 において，白はカチオン グレーはアニオンを示す.
（b）〜（f）は順に n=2, 4, 6, 8, 12 のイオン液体に対応. 詳細は本文参照.

表示はインパクトのある情報を与えている. 図 1.6（b）〜（f）におい
て，極性部分はうすいグレーで，非極性部分は濃いグレーで示され
ている. 図より明らかなように，極性部分と非極性部分はそれぞれ
ドメインを形成し，アルキル基の鎖が長くなるにつれ，ドメイン構
造が顕著に，すなわち分布が不均一になっていく. また，極性部分

がネットワーク構造を形成し，その構造は側鎖が長くなるにもかかわらず，顕著に存在していることが見て取れる．動径分布関数の解析によれば，アニオンどうしやイミダゾリウム環どうし，アニオンとカチオンの極性部分（イミダゾリウム環の中心）の分布関数は，側鎖の長さに依存せず，はっきりした構造をとっていることが示された．これらは，イオン液体の構造において，極性部分が液体中のネットワーク構造形成に重要な役割を果たしていることを示している．

極性部分と非極性部分のドメイン形成は，イオン液体をミクロな不均一場として捉えることができることを意味する．極性が溶解や反応に関与している現象において，イオン液体は不均一場の溶媒として注目されている．たとえば，3.2.1項で示すように，ある種のイオン液体は特異的に二酸化炭素（CO_2）を吸蔵する [35]．CO_2が極性部分に吸蔵されやすいという報告もある．高性能なCO_2吸蔵イオン液体を設計・合成する際に，上記の構造の議論は有用な指針となると思われる．

1.5　測　る──特異な相挙動

イオン液体とは，塩であるにもかかわらず室温付近で液体状態をとる物質群の総称であり，液体状態そのものをさす場合が多い．しかし，本節で"イオン液体"と記した場合，イオン液体となる物質群をさし，液体状態だけではなく結晶状態やガラス状態も含めていると了解いただきたい．イオン液体は，さまざまな特異な性質を有しており，とくに相挙動を含めた熱物性の特異性には注目すべき点が多い．

結晶⇔液体の相変化を中心に，イオン液体の相挙動のユニークさ

を列挙する．多くのイオン液体において，10〜数十Kにもわたる過冷却状態が存在し，10K以上の温度領域にわたる前駆融解現象，ゆっくりとした構造緩和現象などが観測される．また，どのように

コラム 3

相転移と構造緩和

　示差走査熱量分析（differential scanning calorimetry：DSC）などの実験報告で，熱の出入りのピークを不用意に"相転移"としているものもあるが，注意が必要である．熱誘起の相転移は，図(a) で示されるように，2つの相の G（ギブズエネルギー）-T 曲線の交点で定義される相転移温度（T_t）における，G の低い相への乗り換え現象である（低温では Ph_L，高温では Ph_H をとる）．それに対して，"構造緩和"は，図(b) で示されるように，2つの状態間で G の高い準安定状態（Ph_1）から低い状態（Ph_2）への遷移であり，過冷却や過熱現象として知られている．相転移では，物質により転点点の温度は固有な値（T_t）となるが，構造緩和は，何らかの外部からの刺激などがトリガーとなるので，実験条件に依存し，固有の値とならない．本節では，明確に前者の場合は"相転移"と記すが，多くの場合，"構造緩和"を含めてより広い意味で"相変化"あるいは"相挙動"と記している．

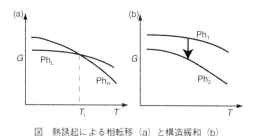

図　熱誘起による相転移（a）と構造緩和（b）

温度を上下させたかなどの熱履歴によって相挙動が変化することもある．ガラスを形成しやすいのも大きな特徴である．これらの相変化には，長い時間がかかるイオン液体もあり，相変化における動的挙動を，あたかもスローモーションモードで直接観測できる系であり，相変化のダイナミクスを直接観測するのに最適な試料といえる [36-39]．本節では，ユニークな相挙動を示す［C_4mim］Br の研究例を紹介する．本試料は，イオン液体の熱誘起相挙動にしばしば観られる興味深い特徴のほとんどを備えている．

コラム 4

イオン液体の相挙動研究に適した実験手法

　相挙動を熱の出入りとして観測するには，示差走査熱量分析（DSC）を用いるのが一般的である．DSC では，試料と標準物質を同じ熱環境で昇温または降温し，そのとき起こる試料の相変化時の熱の出入りを，標準物質との温度差あるいは供給/放出熱量の差として検知する．

　手軽に実験できる手法ではあるが，複雑なイオン液体の相挙動を解明するためには，種々の要件を備えた装置と注意深い実験が必要である．その要件は，感度および精度が良いこと，降温・昇温の切替えが自在にできること，非常にゆっくりした掃引速度での実験が可能であることなどが挙げられる．市販の装置に比べ 1000 倍程度の感度をもち，非常に遅い温度掃引が可能な装置が開発されている [1]．この超高感度装置は，温度感度は ±1 mK，熱量感度は ±3 nW，可能掃引速度は 0.02～3 mK s^{-1} である．ちなみに，実験可能な最遅速の 0.02 mK s^{-1} は，1 K の温度変化に 13.9 時間かかる速度である．すなわち，相変化の遅いイオン液体試料に対しては，準静的に相変化を追える可能性もあ

1.5.1 ［C₄mim］Br の相挙動

［C₄mim］Br について，コラム 4 に述べた要件を有する研究室製作の超高感度 DSC を用いた測定結果［36］と，ラマン（Raman）-熱量同時測定の結果［40］をまとめて述べる．

図 1.7(a) に ［C₄mim］Br の DSC トレース［36］を示す．結晶状態の試料を昇温で液体状態にしてから 1 mK s⁻¹（1 K の温度変化に約 17 分）で 225 K まで温度を下げて過冷却状態とし（破線），1 mK s⁻¹ で昇温させた（実線）．［C₄mim］カチオンは，液体状態および過冷却液体では *TT* と *GT* 配座（おそらく *GT* も）が共存し，結晶では *GT* 配座をとる．（［C₄mim］カチオンの立体配座の省略形

る.

何らかの熱の出入りがある場合，熱量分析実験は，敏感に熱現象の存在を教えてくれる．しかし，熱量分析だけからは何が起こっているかがわからない．熱現象の詳細を解明するためには，他手法との同時測定や，同じ条件下で他の測定を行い結果の突き合わせが必要となる．イオン液体を試料とした場合では，ラマン測定と NMR の緩和時間測定が有用である．ラマン測定では，構成イオンの立体配座の変化の知見が得られる．ラマン散乱で構造の変化を同時に検知できる熱分析装置が開発された［2］．また，イオン液体の相挙動の時間スケールが，NMR が得意とする時間領域であり，NMR の緩和時間測定からはダイナミクスの知見を得ることができる．

［1］ S. Wang, K. Tozaki, H. Hayashi, H. Inaba, *J. Therm. Anal. Calorim*., **79**, 605 (2005)；稲場秀明，東崎健一，林 秀子，王 紹蘭，熱測定，**32**, 77 (2005).

［2］ T. Endo, K. Tozaki, T. Masaki, K. Nishikawa, *Jpn. J. Appl. Phys*., **47**, 1775 (2008).

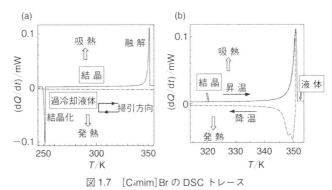

図 1.7　[C₄mim] Br の DSC トレース

（a）降温過程（破線）では熱の出入りはなく，昇温過程（実線）で結晶化および融解が起こる [36]．

（b）[C₄mim] Br の融点付近の DSC トレース．融点近くまで昇温し，ピーク直前で降温に切り替えたもの（破線）[36]．

については図1.2を参照）．図1.7(a)で示すように，降温過程（破線）では何も起こらないが，昇温過程（実線）の約250 Kで凝固が起こり（構造緩和），約352 Kで融解（相転移）が起こる．降温過程では結晶化が起こらず，昇温過程で結晶化が起こる現象は，イオン液体や高分子にしばしばみられる現象である．すなわち，降温プロセスでは結晶化に必要な活性化エネルギーが得られないまま凍りついてしまうが，昇温プロセスでは試料の一部に不均一な熱ゆらぎが生じ，これがトリガーとなり結晶化が起こるわけである．ガラス転移は219 K付近で起こることが報告されており [41]，この凍結状態はガラスでも結晶でもない．また，図1.7(a)に示すように，10 K程度にわたる前駆融解現象が観測されている．

結晶化のシグナルを拡大してみると，発熱ピークは2つに割れている [36]．結晶化が起こる〜250 Kより低温側は過冷却液体で，ブチル基の立体配座において *TT* と *GT* の混合物である．結晶化後

は GT のみになる．ピークの割れは，GT の立体配座をもっていた
部分はすぐ結晶格子を形成できるが，TT の立体配座のものはいっ
たん GT に立体配座を変えてから結晶化するので，遅れが生じるた
めと考えられる．1 イオンだけの立体配座の変化ではなく，結晶格
子を形成するために，多くのイオンが協同して起こる．このような
多数の粒子が関わる構造変化は，1 mK s^{-1} 程度の温度変化で検知
できるようなスローダイナミクスである．

　通常では，いったん融解が始まると後戻りさせることができない
ほど速やかな相転移が起きるが，本試料の前駆融解過程では温度の
上げ下げに伴い可逆的に融解・結晶化がゆっくり進行する［36］．
前駆融解過程の昇温途中で降温に切替える実験を紹介する．図 1.7
(b) は，降温への切替えが融解のピークにいたる直前の場合のト
レース（破線）である．この場合も，ピークが 2 つに割れる．結晶
では GT の立体配座をとり，液体状態では，GT と TT の混合物で
ある．すなわち，前駆融解領域で，温度上昇とともにブチル基の一
部が TT に変わり，一部分の融解（local melting）が起こっている．
この状態で温度を下げると，GT の立体配座のイオンが主成分であ
るドメインではすぐに結晶格子を形成できるが（高温側の DSC ピー
ク），TT の多いドメインでは GT に変わってから結晶化するので
（低温側の DSC ピーク），時間の遅れが生じる．［C$_4$mim］Br の前駆
融解現象は，ブチル基の立体配座の協同的変化と融解が連動して起
こっているためである．

　ラマン散乱と熱量の同時測定でも，上記のプロセスが直接観測さ
れている．前駆融解現象が始まってから融解が完全に終了するまで
のラマン散乱強度変化を追ったのが図 1.8 である［40］．結晶（低
温）領域は，GT 成分のみであるが，次第に TT 成分が混じってく
ることが見て取れる．とくに DSC トレースのピークにあたる付近

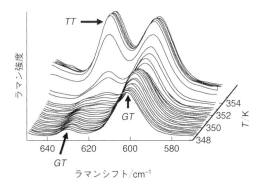

図 1.8 [C₄mim] Br の前駆融解領域を経て融解にいたるまでのラマンスペクトル [40]

で $GT \to TT$ の変化が顕著である．

1.5.2 超遅速の熱掃引で観測されるユニークな現象──リズム的融解・凝固現象

　[C₄mim]Br の前駆融解過程で見出された興味深い現象を紹介する [37]．図 1.7(a) の融点近傍を，非常にゆっくりした昇温速度 0.02 mK s⁻¹（1 K 温度上昇させるのに 13.9 時間）での実験結果を図 1.9(a) に示す．図に示すように，細かい熱の出入りの多い鋸歯状 DSC トレースとなった．しかし，これはノイズではない．熱の出入りの最も激しい部分（図 1.9(a) の（3）付近）を拡大したのが図 1.9(b) である．60〜80 nW の熱の出入りを繰り返していることがわかる．これに対して，結晶状態で安定な領域（図 1.9(a) の（1）付近）や液体として定常状態になったと思われる領域（図 1.9(a) の（5）付近）を拡大してみると，鋸歯状のシグナルは±3 nW である．これは，用いた超高感度装置のノイズレベルに対応している．領域（3）付近の鋸歯状のシグナルは，装置由来のノイズより

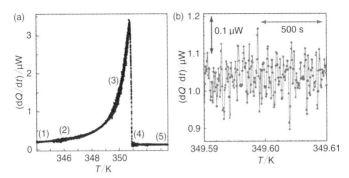

図 1.9 (a) [C$_4$mim] Br の融点付近の DSC トレース（昇温速度：0.02 mK s^{-1}）
および (b) 図(a)(3) の拡大図 [K. Nishikawa, *et al.*, *Chem. Phys. Lett.*,
458, 90 (2008)]

20〜30 倍程度大きい．ちなみに，通常の市販装置のベースライン
安定性は，±3〜5 μW で 3 桁程度落ちる．通常の DSC 装置では領
域 (3) のような現象を検知できない．

　図 1.9(b) で示される熱の出入りは，以下のように解釈される．
すなわち，試料中の一部分に熱的に不均一な領域ができ，局所的融
解が起こる．非常にゆっくりした昇温速度なので，外部からの熱の
供給量は少ない．融解は吸熱現象であり，周辺から熱を奪いすぎた
ことにより，融解しかけた一部が冷却し結晶化が起こる．結晶化に
より，また熱が発生し融解が進行する．この融解・凝固現象をリズ
ム的に繰り返しながら全体として融けていく．すなわち，微少領域
の一つの相変化に伴う熱の出入りが，次の相変化のトリガーとな
り，融解・凝固の相変化が繰り返されていく．図 1.9(b) の細かい
熱の出入りは，この繰返しを観ているものである．酸化還元反応が
行きつ戻りつする化学反応として，ベルーゾフ−ザボチンスキー
（Belousov–Zhabotinsky：BZ）反応が有名である．イオン液体の融

解過程で見出された本現象は相変化におけるリズム的現象であり，西川らはこれを「リズム的融解・凝固過程」と名づけた．このような現象が見出されたのは，[C₄mim]Br の融解過程が数十秒オーダーのスローダイナミクスに支配されており，使用した DSC 装置の緩和時間より十分長いためといえる．

熱の出入りの量から見積もると，1.8×10^{13} 個程度のイオン対が融解・結晶化を繰り返していることになる．リズム的現象が起こっている領域を局所領域と表現すると，局所領域が結晶化あるいは融解するタイムスケールは 12〜20 秒である．

また，図 1.9(a) の領域 (4) は融解直後である．この領域でも DSC トレースは安定せず，リズム的な発熱・吸熱を繰り返している．結晶格子は融解しているが，結晶的な粒（ドメイン）が存在し，これが融解・結晶化を繰り返していると思われる．このドメインの中のイオン対の数は 2×10^{12} 個程度で，(3) の領域に比べ，1 桁ほど少ない．また，前駆融解現象が始まる領域 (2) においては，リズム的融解・結晶化をスタートさせるドメインに，(4) と同じ 2×10^{12} 個程度のイオン対が含まれている．

1.5.3 NMR で観た相変化時のダイナミクス

西川らは [C₄mim]Br のダイナミクスに焦点を当てて NMR 測定を行ったので，興味深い結果をいくつか紹介する．

¹H の共鳴周波数 25 MHz のパルス NMR 装置を用いて測定した [C₄mim]Br の ¹H–T_1, T_2 の温度依存性を図 1.10 に示す [42]．この測定装置は低周波数であるため，それぞれ別の環境にある ¹H の情報は重なってしまうが，液体，結晶，ガラス状態すべてに適用でき，相挙動を概観するのに適している．¹H–T_1, T_2 の温度依存性のグラフは，すべての ¹H の重なりであり，[C₄mim] カチオンのダイ

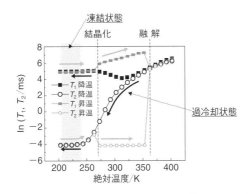

図 1.10 [C₄mim]Br の縦緩和時間（T_1）および横緩和時間（T_2）

結晶化および融解において，T_1 および T_2 は「飛び」を示す．T_2 の値から判断すると，降温過程において結晶化せずにイオンの運動が凍りつくことが示唆される [42]．

ナミクスを粗視化して観測しているといえる．

　まず降温過程に注目する．^{1}H-T_1, T_2 は，降温過程において連続的な変化を示す．250 K 以下では，T_1 は（通常の液体では増加していくのに対し）ほぼ一定値をとっている．異なる環境の ^{1}H それぞれが，凍結していく過程と思われる．T_2 は，230 K 以下の温度で一定値となる（T_2=17 μs）．この値から判断しても，また結晶の値（T_2=16～17 μs）と比較しても，この状態が流動性のない凍結状態であると判断される．この試料のガラス転移温度（～220 K）はさらに低温であり，この凍結状態はガラスでもなく，ましてや結晶でもない．T_2 の値は，とくに並進運動に対して敏感である．230 K 以下の状態は，並進運動が凍結した状態と解釈される．

　昇温過程においては，T_1, T_2 とも 273 K で結晶化によって不連続に変化している．図 1.10 の温度変化を示すパターンは，1.5.1 項で述べた DSC トレースにおいて，降温過程では結晶化せず昇温過

┌─ コラム 5 ──────────────────────────────────────

NMR と分子運動

　　NMR 分光法は，原子核のもつ非常に微弱な磁気モーメントを効率よく測定する方法として開発された．^{1}H, ^{13}C, ^{19}F 核など核磁気モーメントをもつ核が観測対象である．化学シフトなどから，有機物を中心として注目核種周りの構造解析に使われることが一般的であるが，ここでは分子運動の情報を得る手段としての観点から，NMR の原理とともに縦緩和時間 T_1 と横緩和時間 T_2 について簡単に触れておく．

　　磁気モーメント μ をもつ核を静磁場 $\boldsymbol{H}_0$ の中に置くと，μ は磁場との相互作用によって，磁場の方向を軸に共鳴周波数 ω（$=\gamma H_0$, γ：磁気回転比）で歳差運動を行う．個々の核の μ を系全体に加え合わせると磁場の影響による μ の分布の偏りから磁化 $\boldsymbol{M}$ が現れる．

$$\boldsymbol{M} = \sum \mu_i$$

$\boldsymbol{M}$ の磁場方向（z 軸）の平衡値を $\boldsymbol{M}_0$ とすると，磁場と垂直方向（xy 面）の平衡磁化成分はゼロである．NMR 分光法は，$\boldsymbol{M}$ の方向変化を共鳴周波数で観測する手法である．

　　今，この平衡磁化 $\boldsymbol{M}_0$ を何らかの手段で y 軸方向にずらしたとしよう（実際は，ある時間（数マイクロ秒），共鳴周波数のラジオ波を x 軸に沿って加えることで実現できる）．この状態から時間 t 後の磁化 $\boldsymbol{M}(t)$ は，y 軸方向の成分 $\boldsymbol{M}_y(t)$ と z 軸方向の成分 $\boldsymbol{M}_z(t)$ に分解できる．平衡状態からずれた磁化によって生じた $\boldsymbol{M}_z$ 成分は熱平衡状態の $\boldsymbol{M}_0$ へ，$\boldsymbol{M}_y$ 成分は熱平衡状態のゼロへ戻ろうとする．$\boldsymbol{M}_z$ 成分が $\boldsymbol{M}_0$ へ戻る時定数が縦緩和時間 T_1 であり，$\boldsymbol{M}_y$ 成分がゼロへ戻ろうとする時定数が横緩和時間 T_2 である．磁化の変化速度は指数関数的なので，時間 t 後には以下のようになる．

$$M_z(t) = M_0 \left\{ 1 - \exp\left(-\frac{t}{T_1} \right) \right\}$$

$$M_y(t) = M_0 \exp\left(-\frac{t}{T_2} \right)$$

└──

　この M_y がゼロに戻る過渡的な現象が NMR の自由減衰（free induction decay：FID）信号として観測される．ちなみに，この FID をフーリエ変換したのが，おなじみの NMR のスペクトルである．横緩和時間 T_2 の逆数（$1/T_2$）が緩和の速度である．一方，緩和速度（$1/T_2$）は相関時間 τ_c（分子運動が速いほど τ_c は小さくなる）に比例することが理論的に関係づけられている（$1/T_2 \propto \tau_c$）．したがって，液体のように分子運動が速い場合は FID の減衰は遅く（または T_2 が長く），固体のように分子運動が遅いと FID の減衰は速い（T_2 が短い）．つまり，磁化が熱平衡状態へ戻る速度が分子の運動に関係している．そこで磁化 M_z や M_y が熱平衡状態へ戻る時定数である T_1 や T_2 を測定することによって，分子運動の情報を得ることができる．T_1 を含めて NMR の緩和時間と相関時間のおおまかな関係をまとめる．

$$T_1 : \omega\tau_c \ll 1 \text{ のとき} \quad \frac{1}{T_1} \propto \tau_c$$

$$\omega\tau_c \gg 1 \text{ のとき} \quad T_1 \propto \tau_c$$

$$T_2 : \qquad\qquad\qquad \frac{1}{T_2} \propto \tau_c$$

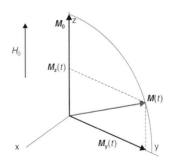

図　y 軸方向に倒された t 秒後の磁化 $M(t)$ と y 軸および z 軸方向の成分

程で初めて結晶化する特異的な相転移を緩和時間の点から観ているといえる．$\omega\tau_c \ll 1$ において（コラム5参照）は T_1 の温度変化から，運動している部位の活性化エネルギー E_a を求めることができる．結晶状態の E_a は 13.3 kJ mol^{-1} で，ブチル基末端やメチル基の回転運動と推定される．他の化合物での結晶あるいは液体状態でのアルキル基の運動の E_a は同程度である．[C$_4$mim]Br の結晶状態でもメチル基は運動していることが推察される．

次に，結晶化に注目する．[C$_4$mim]Br の結晶化の速度は非常に遅く，興味深い挙動が明らかになった [39]．本試料の場合，結晶化は構造緩和で起こる．実験条件により多少変動するが，紹介する NMR 実験の場合，273 K で起こった．まず結晶化にいたる過程である．223～263 K までの 10 K ごとの FID 信号（コラム5参照）を図 1.11(a) に示す．223，233，243 K ではグラフは重なり，凍結した同じ状態であることが示されている．253 K，263 K と温度上昇とともに FID 信号の減衰は緩やかになり，運動が活発化している

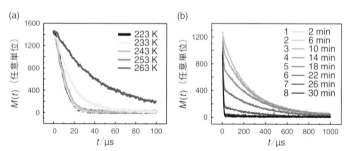

図 1.11　[C$_4$mim]Br の凍結状態から昇温していく際の FID（a）および結晶化の
　　　　起こっている点（273 K）に温度を固定しての FID（b）の時間変化
(a) 昇温とともに [C$_4$mim] カチオンが運動を始めることがわかる．
(b) 運動をしていた [C$_4$mim] カチオン（液体状態）が 30 分かけて運動性を失っていき結晶となる様子が見て取れる．

ことが見て取れる．図 1.11(b) は，試料を結晶化点（273 K）に
保った FID スペクトルの時間変化である．10 分後の FID の初めに
非常に減衰の速い成分が現れている．この速い成分が時間の経過と
ともに増え，減衰の遅い成分が減少していく．30 分後では遅い成
分は完全に消失し，速い成分のみになっている．減衰の遅い成分が
柔らかい領域（液体）に，速い成分が堅い領域（結晶）に対応す
る．

　これらの変化を肉眼でも観測できる．図 1.12 に [C₄mim]Br の各
温度における試料管内の状態写真を示す．降温過程（図の上段）に
おいて，303 K では粘度の高い流体であるが，273 K なると非常に

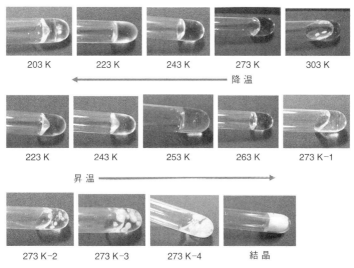

図 1.12　温度変化に伴う [C₄mim]Br の肉眼観察

上段：303 K から 203 K まで降温．中段：223 K から結晶化点（273 K）まで昇温．
下段：結晶化点（273 K）で温度保持 [39]．詳細は本文参照．

流動性が落ちてきて粘性の高い流体になっている．243 K と 223 K では外見は固体である．223 K はガラス転移温度付近である．203 K になると熱力学的に定義されるガラスとなっていると思われる．223 K と 203 K の外見を比較すると，203 K のほうは体積が収縮して試料表面が窪んでいる．昇温過程（図の中段）では，その窪みは243 K まで観測されるが253 K においては観測されていないことから，この温度で体積膨張が起こっていると考えられる．すなわち，[C$_4$mim]Br の場合，凍結状態とガラス間の相転移は，体積変化を伴っているようである．熱測定ではガラス転移は検知されるが，NMR では目立った変化は観測されない．253 K では明らかに T_2 も長くなっていく．263 K では外観からはまだ流動的になっていないが，T_2 の値や FID の減衰の速度が示すように，273 K に近づくにつれ，イオンは動きやすくなっている．273 K になると明らかに流動的になっている（写真 273 K-1）．273 K 状態を保持すると（図の下段），結晶が現れ（写真 273 K-2），時間が経つにつれて写真273 K-3，写真 273 K-4 のように結晶が増大していき，30 分以上過ぎると完全に結晶化する．

　通常，結晶化が始まると，ドミノ倒しのように瞬時に進行する．結晶化が 30 分もかかり，しかも可逆的に進行するのは，非常に特異的な現象といえる．また，昇温過程において，凍結状態からいったん液化して結晶に転移するのもユニークである．前述したように，[C$_4$mim]Br では相転移と構成イオンの立体配座の変化が連動している．結晶を構成するほどのスケールでブチル基の立体配座がそろわなければならず，粘性の高いイオン液体中では，非常に時間のかかるダイナミクスといえる．結晶（立体配座のそろった状態）になるために，凍結状態（複数の立体配座が共存）からいったん液化が起こらなければならないことも，説明がつく．

　次に液体状態での $[C_4mim]^+$ の各炭素原子の運動を紹介する．高分解能 NMR（400 MHz）を用いて，^{13}C-T_1 の測定を行った [42]．本装置では，各炭素それぞれに分けて情報が得られるが，適用できるのは液体のみである．いくつかの近似が必要であるが，T_1 より相関時間 τ_c が求まる．ブチル基末端の炭素およびイミダゾリウム環に直接結合している炭素の τ_c は短く，激しく運動していることが示された．一方，イミダゾリウム環の炭素の τ_c は長く，動きが鈍い．ブチル基の中間の炭素の挙動は，それぞれの中間である．この結果は，$[C_4mim]^+$ は液体状態において，それぞれの部位が別々に運動していることを示している．とくに運動の激しいメチル基およびブチル基末端は回転運動，ブチル基中間の炭素は立体配座を変化させる運動と推測される．

　最後に，何故このようなユニークな物性が現れるのか，一般的に考えてみたい．まず考えられるのは，相変化を起こすための自由空間の大きさである．イオン液体を構成するイオンと同程度の大きさをもつ分子性分子を組み合わせた溶液の密度と比べると，イオン液体の密度のほうが 15〜20% 高い．イオン液体においては，イオン間の静電相互作用のため，より密にパッキングしており，相変化が起こるための粒子が動ける自由空間が小さい．イオン液体の相変化では，必ずといってよいほど立体配座変化が連動しており，より広い自由空間を必要とする．しかし，実際には，イオンは窮屈な空間下に置かれ自由な動きを妨げられている．

　また，イオン液体の構成ユニットは，一般的に電荷の存在する極性部位とアルキル基に代表される非極性部位からなっている．結晶構造解析などからも明らかにされているが，イオン液体の結晶では，極性部位がしっかりした骨格構造をつくり，非極性部位は余った空間を埋めるようにはたらく．今回の試料では，イミダゾリウム

環と Br⁻ が骨格構造をつくる．アルキル基は，この極性部位のつくる骨格の中で，骨格に比べれば動きやすい状態で存在する．上記したように ^{13}C–T_1 測定で各部位の動きを調べてみると，液体状態においてもイミダゾリウム環は動きにくく，アルキル基の各炭素の動きは激しい．ブチル基の場合，イミダゾリウム環から離れて末端にいくほど，その動きは激しくなる．イオン液体のユニークな物性は，まさにイオンだけから構成されていること，しかもその構造が複雑であることに起因するといえる．極性部位と非極性部位が存在し，それらの部位は各原子や原子集団の相互作用においても，またそれらのダイナミクスにおいてもアンバランスであり，これらが常識を超えたユニークな現象を発現している．

参考文献

[1] J. S. Wilkes, M. J. Zaworotko, *J. Chem. Soc. Chem. Comm.*, 965 (1992).

[2] T. Welton, *Chem. Rev.*, **99**, 2071 (1999).

[3] Wasserscheid, W. Keim, *Angew. Chem. Int. Ed.*, **39**, 3772 (2000).

[4] R. D. Rogers, K. R. Seddon, *Science*, **302**, 792 (2003).

[5] K. R. Seddon, *Nature Mater.*, **2**, 363 (2003).

[6] N. V. Plechkova, K. R. Seddon, *Chem. Soc. Rev.*, **37**, 123 (2008).

[7] 西川恵子，大内幸雄，伊藤敏幸，大野弘幸，渡邉正義 編，『イオン液体の科学—新世代液体への挑戦—』，丸善出版 (2012).

[8] 大野弘幸 監修，『イオン液体 II—驚異的な進歩と多彩な近未来—』，シーエムシー出版 (2006)：普及版 (2014).

[9] 大野弘幸 監修，『イオン液体 III—ナノ・バイオサイエンスへの挑戦—』，シーエムシー出版 (2010).

[10] 渡辺正義 監修，『イオン液体研究最前線と社会実装』，シーエムシー出版 (2016).

[11] P. Walden, *Bull. Acad. Imper. Sci.*, 1800 (1914).

[12] J. S. Wilkes, *Green Chem.*, **4**, 73 (2002).

[13] 宇井耕一，上田幹人，水畑 譲，萩原理加，『イオン液体 II—驚異的な進歩と多彩な近未来—』，大野弘幸 監，pp. 4-13，シーエムシー出版 (2006).

[14] X. He, X. Lu, X. Zhang, *J. Phys. Chem. Ref. Data*, **35**, 1475 (2006).

［15］ 渡邉正義，『イオン液体の科学─新世代液体への挑戦─』，西川恵子，大内幸雄ほ
か 編，pp. 14–26，丸善出版（2012）；K. Ueno, T. Tokuda, M. Watanabe, *Phys. Chem. Chem. Phys.*, **12**, 1649（2010）.

［16］ 中村暢文，大野弘幸ほか，イオン液体研究会サーキュラー No.1（2013），http://www.ilra.jp/docs/circular01.pdf

［17］ S. Tsuzuki, A. A. Arai, K. Nishikawa, *J. Phys. Chem. B*, **112**, 7739（2008）.

［18］ 一例として T. Endo, K. Fujii, K. Nishikawa, *Aust. J. Chem.*, **72**, 11（2019）

［19］ T. Endo, S. Hoshino, Y. Shimizu, K. Fujii, K. Nishikawa *J. Phys. Chem. B*, **120**, 10336（2016）.

［20］ R. P. Swatloski, S. K. Spear, J. D. Holbrey, R. D. Rogers, *J. Am. Chem. Soc.*, **124**, 4974（2002）.

［21］ K. Fukumoto, M. Yoshizawa, H. Ohno, *J. Am Chem. Soc*, **127**, 2398（2005）.

［22］ R. Hagiwara, K. Matsumoto, *et al.*, *J. Electrochem. Soc.*, **150**, D195（2003）.

［23］ 齋藤軍治，『イオン液体Ⅱ─驚異的な進歩と多彩な近未来─』大野弘幸 監，pp. 137–143，シーエムシー出版（2006）；Y. Yoshida, G. Saito, *et al.*, *Bull. Chem. Soc. Jpn.*, **78**, 1921（2005）.

［24］ S. Hayashi, H. Hamaguchi, *Chem Lett.*, **33**, 1590（2004）.

［25］ 持田智行，イオン液体研究会サーキュラー No. 13（2019），http://www.ilra.jp/docs/circular13.pdf

［26］ M. J. Earle, K. R. Seddon, *et al.*, *Nature*, **439**, 831（2006）.

［27］ J. M. S. S. Esperanca, L. P. N. Rebelo, *et al.*, *J. Chem. Eng. Data*, **55**, 3（2010）.

［28］ S. Kuwabata, A. Kongkanand, D. Oyamatsu, T. Torimoto, *Chem. Lett.*, **35**, 600（2006）.

［29］ 一例として L. N. C. Lopes, M. F. C. Gomes, *et al.*, *J. Phys. Chem. B*, **115**, 6088（2011）.

［30］ Y. Kohno, H. Ohno, *Chem. Commun.*, **48**, 7119（2012）；K. Fukumoto, H. Ohno, *Angew. Chem. Int. Ed.*, **46**, 1852（2007）；Y. Kohno, H. Arai, S. Saita, H. Ohno, *Aust. J. Chem.*, **64**, 1560（2011）.

［31］ Y. Koga, "Solution Thermodynamics and its Application to Aqueous Solutions", 2nd ed., Elsevier（2017）.

［32］ 一例として Y. Koga, *Phys. Chem. Chem. Phys.*, **15**, 14548（2013）.

［33］ 一例として H. Ohtaki, T. Radnai, *Chem. Rev.*, **93**, 1157（1993）.

［34］ J. N. A. C. Lopes, A. A. H. Padua, *J. Phys. Chem. B*, **110**, 3330（2006）.

［35］ L. A. Blanchard, D. Hancu, E. J. Beckman, J. F. Brennecke, *Nature*, **399**, 28（1999）；S. N. V. K. Aki, B. R. Mellein, E. M. Saurer, J. F. Brennecke, *J. Phys.*

Chem. B, **108**, 20355 (2004).

[36] K. Nishikawa, S. Wang, *et al.*, *J. Phys. Chem. B*, **111**, 4894 (2007).

[37] K. Nishikawa, S. Wang, K. Tozaki, *Chem. Phys. Lett.*, **458**, 88 (2008).

[38] K. Nishikawa, S. Wang, T. Endo, K Tozaki, *Bull. Chem. Soc. Jpn.*, **82**, 806 (2009).

[39] M. Imanari, K. Fujii, T. Endo, H. Seki, K. Tozaki, K. Nishikawa, *J. Phys. Chem. B*, **116**, 3991 (2012).

[40] T. Endo, K. Tozaki, T. Masaki, K. Nishikawa, *Jpn. J. Appl. Phys.*, **47**, 1775 (2008).

[41] Y. U. Paulechka, G. J. Kabo, *et al.*, *J. Chem. Thermodyn.*, **39**, 158 (2007).

[42] M. Imanari, K. Uchida, K. Miyano, H. Seki, K. Nishikawa, *Phys. Chem. Chem. Phys.*, **12**, 2959 (2010)：今成 司，関 宏子，西川恵子，現代化学，No. 474, 30 (2010).

第2章

イオン液体で何が起こるか？

2.1 イオン液体をつくる

　イオン液体にはさまざまな特徴があり，その物性を理解するには自分で合成してみるのが一番である．イオン液体の合成自体は容易であり，学生実験レベルの有機合成の経験があれば十分であるが，イオン液体は蒸留精製ができないため精製には少しノウハウがある．ここでは標準的なイオン液体の合成法と再生法を紹介するが，高純度イオン液体の合成法 [1]，多孔質イオン液体（porous ionic liquid）の合成法 [2]，マイクロウエーブや超音波を活用するイオン液体合成法 [3] に関する総説があり，さらに，Koo らがイオン液体の回収法について良い総説 [4] を報告しているので参考にされたい．

2.1.1 イオン液体合成法

　イオン液体の合成法はアニオン交換法と中和法に大別される（図2.1）．アニオン交換法はイオン液体の合成法としてよく知られた方法であり，イミダゾリウム，アンモニウム，ホスホニウムカチオンのハロゲン化物塩と $NaBF_4$，$NaPF_6$，CF_3SO_3Na，$LiNTf_2$ をエタノール，アセトン，あるいは水溶液として撹拌するだけでよく，とくに疎水性イオン液体の合成に適している（図2.1，アニオン交換法）．

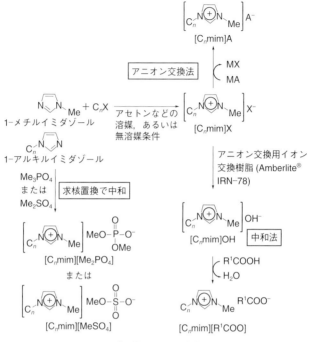

図 2.1 典型的なイオン液体調製法

　最初のハロゲン化アルキル（C_nX）と 1-メチルイミダゾールとの
反応は発熱反応であり，ハロゲン化物を加える際には除熱しながら
徐々に加える必要がある．温度が上がると着色し，ひとたび着色す
ると脱色困難な場合が多い．高純度なイオン液体を得るためには中
間体のハロゲン化物塩（[$C_n$mim]X）の段階で精製することが大切
である．イミダゾリウム塩の場合は，メタノールあるいは水に溶解
して活性炭を加えて脱色したのち，エタノールなどで再結晶すれば
無色の塩が得られる．第四級アンモニム塩イオン液体の合成の場合

はアニオン交換後の洗浄による精製が難しいため，この段階で不純物を取りきれないと最終物の精製はきわめて難しい.

疎水性の塩を与える $NaPF_6$ や $LiNTf_2$ との金属交換では反応が進行するとイオン液体が分離し，生じたイオン液体を脱イオン水で洗浄すれば目的のイオン液体（$[C_n mim]A$）が得られる. 得られたイミダゾリウム塩イオン液体中にわずかに残存するハロゲン化ナトリウムやハロゲン化リチウムは，アセトン溶液としてカラムに充填した中性アルミナ（Type I）を通しておけば確実に除ける. イミダゾリウム塩の場合は中性の活性アルミナ Type I が良い. ただし，アンモニウム塩の場合は活性アルミナを通すと吸着されてしまうので，アルミナ処理はできない. イオン液体の乾燥は減圧して水分を飛ばせばよいが，このとき温度を上げると着色することがあり，通常は 50〜60℃ で減圧乾燥する. 徹底的に水分含量を低下させるためには，まず凍結乾燥を行い，次いで減圧処理（1 Torr（133.3 Pa），50〜60℃ で 12 時間程度）を行うことをお勧めする.

中和法はカルボン酸やアミノ酸イオン液体の合成に便利であり，中間体の水酸化物塩に対応するカルボン酸を当量加えて中和してから生じた水を除くことで得られる（図 2.1，中和法）. まず，$[C_n mim]$-X の水溶液をイオン交換樹脂に通して水酸化物塩（$[C_n mim]OH$）とし，これにカルボン酸やアミノ酸を当量加えてから減圧濃縮するとイオン液体（$[C_n mim]R^1COO$）が得られる. 中間体の水酸化物塩（$[C_n mim]OH$）は希薄水溶液では安定であり 1 年以上冷蔵保存できるが，濃縮すると不安定になるため，濃縮後はただちにカルボン酸で中和して最終のイオン液体にする必要がある. イオン交換樹脂はリサイクル使用ができるが比較的高価であるため，酢酸塩イオン液体についてはアニオン交換法によってカルボン酸イオン液体を合成することもできる. ハロゲン化物塩（$[C_n mim]X$）に酢酸ナトリウ

ムのエタノール溶液を加えて室温で撹拌すると塩化ナトリウムが析
出し，析出した塩化ナトリウムを沪過によって除去し，ついでエタ
ノールを減圧除去すると対応する酢酸アニオンのイオン液体が得ら
れる．この方法では塩化物イオンが若干残るが，セルロースを溶解
する用途であれば実用的に大きな問題はない．

　疎水性のイオン液体は脱イオン水で洗浄することで精製できる
が，BF_4 塩や CH_3SO_4 塩のような親水性のイオン液体の場合は水洗
浄ができない．そのような親水性イオン液体においても酢酸エチル
やジクロロメタン（CH_2Cl_2）にはよく溶ける場合が多く，イオン液
体によっては水溶液として活性炭処理を行ったのち，水溶液から酢
酸エチルあるいはジクロロメタンでイオン液体を抽出することで精
製ができる．環境の面ではジクロロメタンはなるべく使いたくない
が，イオン液体によってはジクロロメタン抽出が精製法として最も
よい場合があり悩ましい．

　硫酸ジメチル（$(CH_3O)_2SO_2$）やリン酸トリアルキル（R_3PO_4）を
アルキル化剤に使用する場合はアミンやホスフィンに硫酸ジメチル
やリン酸トリアルキルを加えて混合するだけで容易に合成できる
（図2.1，求核置換で中和）．硫酸ジメチルやリン酸トリアルキルは
強力なアルキル化試薬であるため，無溶媒でイミダゾール，アミ
ン，ホスフィンなどの求核剤と混合して加熱するだけでアルキル化
が起こり，硫酸ジメチルはメチル化ののち硫酸メチルアニオンにな
り，リン酸トリメチルはリン酸ジメチルアニオンとなるため，イオ
ン液体が一挙に合成できる．ただし，硫酸ジメチルは発癌性が指摘
されている試薬であり，取扱いには十分注意する必要がある．

2.1.2　具体的なイオン液体合成例

(1)　[C₄mim][NTf₂] の合成（アニオン交換法）

　ジムロート冷却器を装着したナスフラスコに 1-メチルイミダ
ゾール（82.1 g，100 mmol）をとり 1-クロロブタン（22.2 g，240
mmol）を加えて 110℃ で 17 時間加熱撹拌し，ついで減圧濃縮して
（2 Torr，60℃，3 時間）過剰の塩化ブチルを除去すると，白色固体
の塩（[C₄mim]Cl）が定量的に得られた．もし着色していたらこの
段階で活性炭水溶液に溶解して 60℃ で 1 時間撹拌し，ついでエタ
ノール溶液で再結晶して精製する．現在では高純度の [C₄mim]Cl
が比較的安価に市販されているので，市販品からスタートするのが
便利である．

　[C₄mim]Cl（14.7 g，84 mmol）に脱イオン水 40 mL を加えて溶
解し，これに LiNTf₂（24.1 g，84 mmol）水溶液（80 mL）を加えて
室温で 12 時間撹拌すると疎水性の [C₄mim][NTf₂] が分離した．
得られた [C₄mim][NTf₂] を脱イオン水で洗浄（3 回），ついで凍
結乾燥し，さらに減圧（1 Torr）条件，50℃ で，5 時間以上かけて
溶媒と水分を除去すると無色油状物が得られた．これをアセトンも
しくはメタノールに溶解し，中性アルミナ（Type I）カラムを通し，
減圧濃縮することで [C₄mim][NTf₂]（35.6 g，85 mmol）が通算収
率 85% で得られた．この状態では 100ppm 以上の水分を含むこと
が多いが，凍結乾燥し，ついで減圧濃縮し，その後グローブボック
ス内でアルゴン（Ar）雰囲気中 1 日程度撹拌すると水分を数十
ppm 以下に低下させることができる．

(2)　Burrell 法による [C₄mim]BF₄ の合成（アニオン交換法）[1]

　ジムロート冷却器を装着した 2 L ナスフラスコにメチルイミダ
ゾール（500 g，6.0 mol）をとり，臭化ブチル（860 g，6.3 mol）を

40℃以上に温度が上がらないようにゆっくりと滴下し，滴下終了後に室温で24時間撹拌した．生じた黄色固体を沪取してジエチルエーテル（Et₂O）洗浄（200 mL，3回），減圧濃縮して過剰の臭化ブチルを除いたのち脱イオン水（1.5 L）に溶解し，活性炭（30 g）を加えて65℃で24時間撹拌したのち，活性炭をセライト沪過して除き，沪液をNaBF₄（680 g）水溶液（脱イオン水1 L）に注ぎ入れ，室温で3時間撹拌した．ついで，ジクロロメタン（CH₂Cl₂）を用いて抽出した（5回）．抽出液はシリカゲルを通したのち，減圧濃縮することで［C₄mim］BF₄（1290 g）が95％以上の収率で得られた．

(3) ［N₁,₂,₂,ME］［Ala］の合成（中和法）[5]

　［N₁,₂,₂,ME］Br（2.26 g，10 mmol）を脱イオン水（15 mL）に溶解し，イオン交換樹脂（activated Amberlite® IRA-400CL，50 mL）を充填したカラムを通して水酸化物塩（［N₁,₂,₂,ME］OH）とした．イオン交換の過程で臭化物イオン（Br⁻）が完全に水酸化物イオン（OH⁻）に置換されきれずに残存する場合があるが，水酸化物塩は濃縮してしまうと不安定なため，すべてOH⁻に置換されたと考えて次の工程に進むほうがよい．この水溶液にL-アラニン（Ala, 0.89 g，10 mmol）の水溶液（60 mL）を0℃で加えて，0℃で19時間撹拌した．ついで，エバポレーターで減圧濃縮したのち，アセトニトリル–メタノール（CH₃CN：CH₃OH，9：1）溶液を加えると，残存していたBr⁻が臭化ナトリウム（NaBr）として析出するためセライト沪過してNaBrを除去する．沪液中のBr⁻の残存を硝酸銀（AgNO₃）テストで確認し，Br⁻が残存している場合は，再度アセトニトリルで希釈してNaBrを析出させ，沪過してNaBrを完全に除く．凍結乾燥したのち減圧濃縮（1 Torr，50℃）を5時間行うと無色油状物として［N₁,₂,₂,ME］［Ala］（2.24 g，9.6 mmol）が収率96％

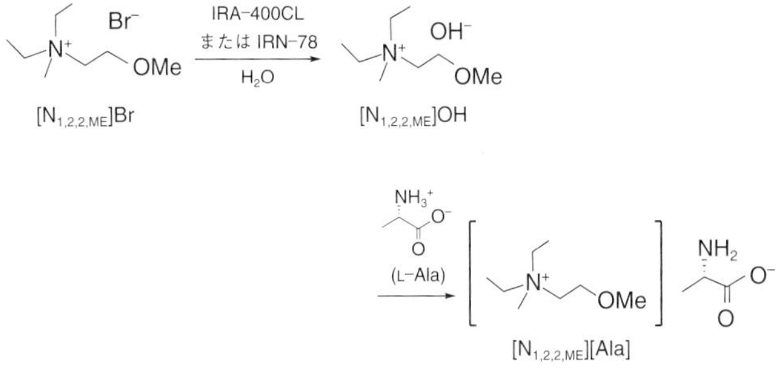

図 2.2　アミノ酸イオン液体（[N₁,₂,₂,ME][Ala]）の合成

で得られた（図 2.2）. IRA-400CL の活性化は 50 mL の IRA-400CL
を 1.7 mol L⁻¹ NaOH 水溶液（170 mL）で処理して行うことができ
る.

(4) マイクロリアクターによる [Pyrr₁,MEM][NTf₂] の合成（アニオ ン交換法）[6]

　2-メトキシエトキシメチルクロリド（MEMCl）（4.98 g, 40
mmol）のアセトニトリル（20 mL）溶液と N-メチルピロリジン
（3.15 g, 37 mmol）のアセトニトリル溶液を混合し, マイクロリア
クターから流出した混合物を LiNTf₂ の N,N-ジメチルホルムアミド
（DMF）溶液に滴下した. 実質的なマイクロリアクター中の反応時
間はわずか 2 分と迅速に進行し, 減圧濃縮して溶媒を除くと無色透
明なイオン液体が得られた. 反応溶媒はジクロロメタンが最適で
あったが, DMF を使用してもほぼ同等の結果が得られた（図 2.3）.
合成したイオン液体は疎水性であるため, 水洗浄で DMF 溶媒を除
くことができ, 連続運転を行うことで数十グラムの [Pyrr₁,MEM] を
容易に合成することができた. マイクロミキサーは最もシンプルな

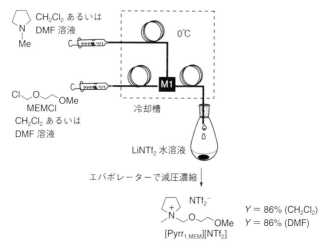

図2.3 マイクロリアクターを用いる［Pyrr$_{1,MEM}$］［NTf$_2$］の合成

T字形ミキサーで十分であり，マイクロリアクターを使うと反応時の加温と除熱が効率化されるため，無着色のイオン液体が合成できる場合が多い．

2.1.3 イオン液体の再生

イオン液体は反応に使用したのち，再生処理で精製ができ，とくに疎水性のPF$_6$や［NTf$_2$］塩イオン液体の場合は容易に再生処理して精製できる．再生法の概要を図2.4に示す．

ポリエチレン容器に［C$_4$mim］PF$_6$（5.4 g，19.1 mmol）をとり，脱イオン水25 mLを加えると懸濁液が得られる．これに60%ヘキサフルオロリン酸（HPF$_6$）（3.80 g，15.6 mmol）を室温で加えて同温度で12時間撹拌し，分離した［C$_4$mim］PF$_6$層をヘキサン−酢酸エチル混合液（4:1）で洗浄し，洗浄水が酸性を示さなくなるま

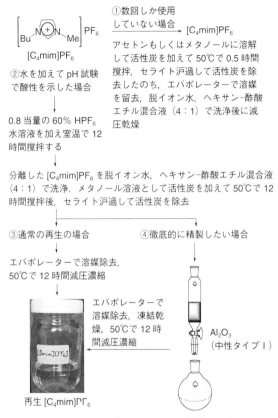

図 2.4　イミダゾリウム塩イオン液体の再生

　で脱イオン水で繰り返し洗浄する（10 回程度）．メタノールに溶かしたのち活性炭を加えて 50℃ で 0.5 時間撹拌したのちセライト沪過して活性炭を除去，エバポレーターで溶媒を除いたのち，減圧下（2〜3 Torr），70〜80℃ で乾燥する．これで十分に精製できるが，

もし，さらに徹底的に精製したい場合は，アセトンに溶かして活性アルミナ（中性 Type I, activated）を充填したショートカラムを通し，エバポレーターでアセトンを留去し，真空ポンプで減圧（2〜3 Torr）しつつ 50℃ で 12 時間乾燥する．

　あまり使用していない［C_4mim］PF_6 の再生は［C_4mim］PF_6 のアセトンもしくはメタノール溶液に活性炭を加え，加温（50℃ 程度）条件で 0.5 時間撹拌し，セライト沪過して活性炭を除去したのちエバポレーターでアセトンを留去し，［C_4mim］PF_6 層を脱イオン水で洗浄，ついでヘキサン–酢酸エチル混合液（4：1）で洗浄して減圧下（2〜3 Torr），50℃ で 12 時間乾燥する．

　イミダゾリウム塩イオン液体は，鉄塩系のルイス酸触媒を反応に使った後でアセトン溶液で保存中にイミダゾリウム環が分解した経験がある．このため，できるだけ早めに再生処理を行うことをお勧めしたい．酵素反応に使った場合はとくに分解する恐れがないため，使用済みイオン液体をメタノール溶液で保存しておき，まとまった段階で再生処理をすればよい．なお，［C_4mim］PF_6 は長期保存中に空気中の湿気で加水分解されてしまい，酸性化する場合がある［7］．このため，使用する前には試料管に［C_4mim］PF_6 を 1 滴とり，純水を加えて pH を確認したほうがよい．［C_4mim］PF_6 にはこのような問題があるが合成反応で良い結果を与えることが多く，エーテルへの溶解性が低いため生成物の抽出が容易という利点がある．一方，［C_4mim］［NTf_2］は安定であるが［C_4mim］PF_6 に比べるとエーテルへの溶解度が高いため，生成物の抽出にはエーテル–*n*–ヘキサンあるいはエーテル–シクロヘキサン混合液を使用するなどの工夫がいる．ここで紹介したようにイオン液体の合成は容易であり，自ら合成するとイオン液体の性質がよく理解できる．是非，イオン液体の合成に挑戦していただきたい．

2.2　イオン液体で分子をつくる

2.2.1　溶解性を活かす

　化学の最大の力は分子や塩を人工的に創製できることである．現在では非常に複雑なキラル分子ですらかなり自在に合成できるようになったが，相手は分子であるため，われわれができることは，反応をひき起こす試薬と反応基質となる分子あるいは塩を混合する程度である．化学反応を実現するためには，反応に関与する原子，分子，あるいはイオンどうしが接触しなくては始まらない．このため，化学反応が起きる場所である「反応場」の設定が重要になる．固体–固体の接触でも化学反応は可能であるが，われわれの生活速度で起こる反応はまれである．気相反応では分子を接触させるために高温にする必要があり精密合成は難しい．分子が容易に出合えて化学反応が素早く起こる「反応場」は何といっても溶液である．このため，「溶媒となる液体に溶質分子を混ぜる」ことから化学合成がスタートし，有機分子のみならず無機塩の合成であっても基本は変わらない．したがって，合成化学の第一歩は「溶媒の最適化」になる．ではどのような観点で溶媒を選ぶか？　まずは，溶質をよく溶かすことが第一条件である．しかし，反応剤と溶媒分子が反応してしまっては話にならない．溶質分子と余計な反応をせずに，よく溶かす液体を選択することが大切である．官能基選択性はいうに及ばず，ジアステレオ選択性，E/Z 選択性，エナンチオ選択性は，反応中間体あるいは遷移状態にいたる活性化エネルギーに依存する．このため，選択性を上げたい精密合成の場合は反応温度が低いほうがよい．しかし，求核置換反応の場合は付加反応や電子移動反応に比べて活性化エネルギーが高いため，ある程度の反応温度が必要になる場合が多い．したがって，できるだけ広い温度範囲で液体状態

をとる溶媒が望ましい.

　液体の極性は溶媒選択の重要な指針になる. ルイス酸性を示す塩や金属錯体, ブレンステッド（Brønsted）酸は一般に高極性溶媒によく溶ける. 反応過程で電子移動が起こる場合も, カチオンラジカルやアニオンラジカルが反応過程で生じるため, 高極性溶媒が活性種生成に有利になる. 一方, 金属錯体を反応分子に配位させて反応制御を行うのであれば, 高極性すぎる溶媒はふさわしくない. 当然ながら溶媒の性質で反応剤のはたらき方も変化する. たとえば, 無機化学の教科書には金属イオンの酸化還元電位が記載されているが, たいていの場合は水溶液中の酸化還元電位が記載されている. しかし, 酸化還元電位はその金属や金属錯体が溶解している溶媒に依存するため, 溶媒によって酸化還元電位が異なることに留意すべきである.

　溶媒の極性は n-オクタノール（n-$C_8H_{17}OH$）への分配係数を示す $\log P$[†] がよく使われているが, イオン液体のような溶融塩では $\log P$ で極性を見積もることは困難である. 分極性色素分子の π-π^* 遷移のエネルギーは, 極性の大きい溶媒中では溶媒和によって色素分子の基底状態が安定化するため, エネルギーが低下し π-π^* 遷移の励起状態と基底状態のエネルギー差が大きくなる. このようなソルバトクロミズムを利用して, E_T^N 値[‡]で溶媒の極性を見積

[†]　$\log P$ は分配係数（partition coefficient）を示す. 化学物質の疎水性や移行性を表す指標となる無次元数であり, 水と有機溶媒が2相に分離した場合の平衡溶解度を示し, 分配係数 P＝（有機溶媒相の濃度）/（水相の濃度）.

[‡]　E_T^N 値は Reichardt 色素を溶解させた溶液の紫外スペクトル変化から, 溶媒と水とのエネルギー差で溶媒の極性を判断するための尺度であり, 次の式

$$E_T^N = \frac{E_T（溶媒）-E_T（トリメチルシラン）}{E_T（水）-E_T（トリメチルシラン）} = \frac{E_T（溶媒）-30.7}{32.4}$$

で示される. N は "normalized" を意味する [8].

もることができる［8］．水のE_T^N値は1.0，テトラメチルシラン
(Si(CH₃)₄，TMS) では 0 になる．そこで，Kazlauskas らはイオン
液体について Reichardt 色素を溶かした場合のE_T^N値を調べた（図
2.5）［9］．イオン液体のE_T^N値は，カチオンとアニオンの組合せで
あまり大きな差がなく，いずれもE_T^N 0.7 程度を示し，メタノール，
モノメチルホルムアミド，エタノールと同等である．"塩"という
イメージほどE_T^Nは高くはないが，既存の非プロトン性極性溶媒で
最も極性が高いアセトニトリルやジメチルスルホキシド（DMSO）
のE_T^N値は 0.44〜0.46 程度であるため，イオン液体は非プロトン
性極性溶媒として比類のない高極性溶媒であることがわかる．

　最初にイオン液体が有機合成に使われたのは，イオン液体をル
イス酸と溶媒兼用に使用した［C₄mim]AlCl₄ を使う Wilkes らのフ
リーデル–クラフツ（Friedel–Craftz）反応である［10］．しかし，
[C₄mim]AlCl₄ は湿気に弱いこともあり，Wilkes の報告は有機合成
化学者に注目されることがなかった．イオン液体を溶媒に使用する
遷移金属触媒反応は 1996 年に Dupont らがロジウム（Rh）錯体を
用いた水素添加反応に始まる．Dupont はついで，イオン液体を溶
媒にルテニウム（Ru）–BINAP（2,2′–ビス(ジフェニルホスフィノ)–
1,1′–ビナフチル）錯体による不斉水素添加反応を報告した［11］．
ただし，イオン液体はあくまでも補助溶媒であり，イオン液体が不
可欠という結果ではなかった．イオン液体が有機合成化学の世界で
脚光を浴びたのは Seddon［12］や Herrmann［13］らの溝呂木–
Heck 反応からである．溝呂木–Heck 反応は DMF など高極性溶媒中
でよく進行することが知られているが，DMF からの生成物の抽出
が難しいことがしばしばあり，しかもパラジウム（Pd）触媒は反
応後に使い捨てであった．イオン液体はアセトンやメタノール，酢
酸エチルによく溶けるが，ヘキサン，シクロヘキサンやジエチル

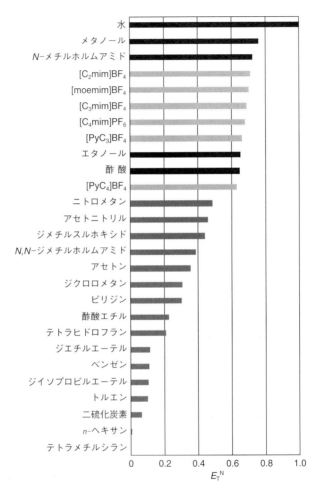

図2.5　ソルバトクロミズムを利用した各種液体の極性の目安（E_T^N 値）[9]
黒：プロトン性溶媒，うすいグレー：イオン液体，濃いグレー：非プロトン性
溶媒.

エーテルには溶けにくい．一方，ホスフィン配位子をもつ遷移金属
錯体はヘキサンなどには溶けにくいがイオン液体によく溶ける．そ
こで，Seddon らはイミダゾリウム塩イオン液体［C_4mim］PF_6 を溶
媒に使用して Pd(OAc)$_2$·2 PPh$_3$（2 mol％）触媒存在下，ヨードベ
ンゼン（C_6H_5I）とアクリル酸エチル（CH$_2$＝CHCOOC$_2$H$_5$）による
溝呂木–Heck 反応を行った［13］．この反応では生成物としてエチ
ル=3–フェニル–2–プロペンが得られ，副産物としてトリエチルアミ
ンのヨウ化水素酸塩（NEt$_3$·HI）が生じる．生成物は疎水性であり
副産物は水溶性である．そこで，反応後に生成物をシクロヘキサン
で抽出したのち，イオン液体層を水で洗浄すると副産物である
NEt$_3$·HI が除去できた．Pd(OAc)$_2$·2 PPh$_3$ はイオン液体層に残るた
め，減圧して水と有機溶媒を除いたのち，再度，ヨードベンゼンと
アクリル酸エチルを加えると 2 回目の反応が進行し，同じ操作を繰
り返すことで，「触媒を溶媒に固定化」してリサイクル使用する反
応システムが実現した（図 2.6）．イオン液体のメリットを非常に
わかりやすく示し，イオン液体の研究が進展する契機となった．

　固体に触媒を担持することでも触媒の繰返し使用は可能である
が，固体触媒では不均一系反応になるため反応速度が低下し，一般
に配位子デザインによる不斉反応化が難しい．一方，イオン液体を
利用する反応は均一反応であり不斉反応が容易にデザインでき，高
価なキラル遷移金属錯体を「イオン液体という溶媒」に固定化して
繰り返し使用することができる．このような典型例が袖岡らによる
活性メチレン化合物への不斉フッ素化反応である（図 2.7）［14］．
この反応では，キラルな BINAP を配位子としたパラジウムアクア
錯体が使用され，活性メチレン化合物の α 位に不斉フッ素化が起こ
る．触媒を 11 回リサイクル使用しても収率 82％（91％ ee）で生
成物が得られている．20 年が過ぎた現在でも色褪せない優れた例

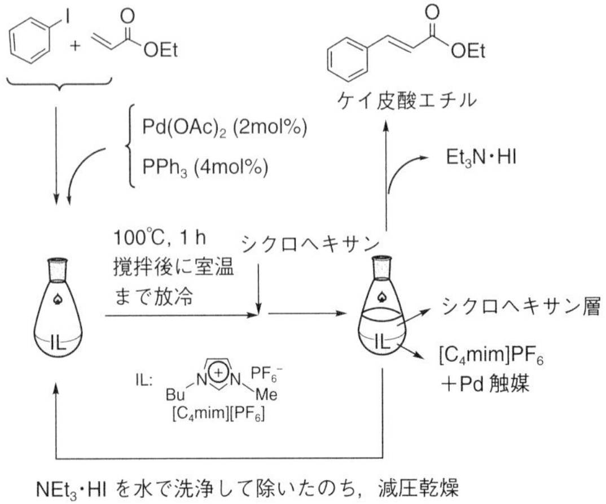

NEt$_3$·HI を水で洗浄して除いたのち，減圧乾燥

図 2.6　溝呂木–Heck 反応の触媒リサイクルシステム［12］

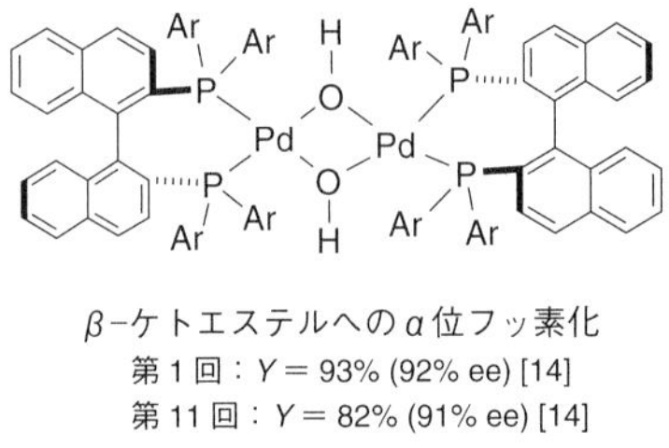

β–ケトエステルへの α 位フッ素化
第 1 回：Y = 93%（92% ee）［14］
第 11 回：Y = 82%（91% ee）［14］

図 2.7　イオン液体に固定化できるキラル触媒［14］

である．

　触媒機能をもつ金属錯体でイオン液体への溶解性が不足する場合は，配位子にイオン液体の部分骨格をもつ原子団を"イオン液体タグ"として結合させることでイオン液体相によく溶解する触媒を調製できる．イミダゾリウム環にスペーサーを連結して配位子を連結

すると，イオン液体への溶解性が大きい金属錯体を合成することができる．このようなイオン液体タグ付き金属錯体をイオン液体溶媒中で使用すると，触媒の抽出溶媒への溶出を防ぎ，繰返し使用の効率が上がる．図2.8に示すような，イミダゾリウムタグ付きGrubbs触媒（Ru@IL）［15］，Cu(OTf)₂-ビスオキサゾリン触媒（Cu pybox@IL）［16］，VOSalen@IL［17］，Mn(Ⅲ)-Salen@IL［18］ イミダゾリウム塩タグを付けたIBX酸化剤触媒（IBX@IL）［19］ が報告され，イミダゾリウム塩タグを連結した触媒を使用するさまざまな反応が実現している．

　セルロースは地球上で最も大量かつ普遍的に存在するポリマーで

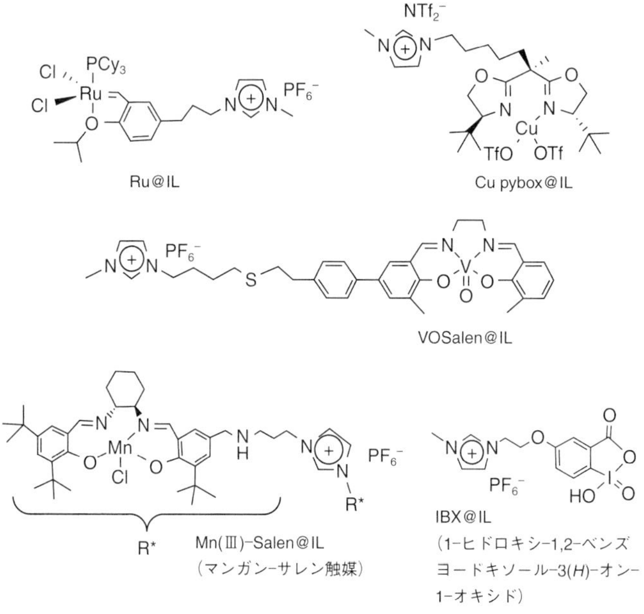

図2.8　イオン液体タグ付き触媒の例

ある．セルロース誘導体は，アセテートレーヨンに代表されるように広範な分野で応用されているが，セルロースは強固な水素結合ネットワークを形成しているため分子性液体に難溶であり，このためヒドロキシ基の化学修飾には厳しい反応条件が要求されていた．2002年に Rogers らが，イミダゾリウム塩イオン液体 [C$_4$mim]Cl がセルロースを溶解し，この溶液から得られた再生セルロースは結晶構造が変化し，いく分アモルファス化するためセルラーゼで迅速に加水分解されることを報告した [20]．この後，イオン液体の溶解性を活用してセルロースやリグニンなどのバイオポリマーの化学変換が活発に研究されるようになった．高橋らはイオン液体に溶解したセルロースは酢酸イソプロペニルなどの穏和なアシル化剤でヒドロキシ基（−OH）がアセチル化されることを報告している [21]．伊藤らはセルロースをイオン液体 [Pyrr$_{1,ME}$][OAc] に溶かし，この溶液に高級脂肪酸のビニルエステルや芳香族カルボン酸の 2,2,2-トリフルオロエチルエステルを加えるとセルロースのヒドロキシ基のエステル化が速やかに進行し，従来難しかったベンゾイル化において，2,2,2-トリフルオロエチルエステルがきわめて効果的なアシル化剤になることを示した（図2.9）[22]．環境調和型のセルロー

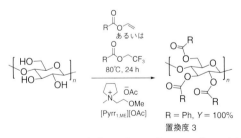

図2.9　セルロースの 2,2,2-トリフルオロエチル=ベンゾエートによるベンゾイル化 [22]

スエステル誘導体合成法として期待される.

2.2.2　高極性を活かす

　イオン液体で従来の分子性有機溶媒では起こらない反応が実現する. このような例を紹介しよう.

　Chi らは, イオン液体を溶媒に使用するとフッ化カリウム (KF) をフッ素化剤に用いてメシラート (CH₃SO₂OR, MsOR) の $S_N 2$ 求核置換反応でフッ素化が起こることを報告した [23]. フッ化物イオンは求核性が低く, 非プロトン性分子溶媒中で最も高極性なアセトニトリルを溶媒に使用しても KF によるフッ素化は起こらない. 18-クラウン-6 エーテルを 2 当量加えてカリウムカチオンを捕捉しフッ化物イオンを裸にすると, フッ化物イオンの求核性が上がるためアセトニトリル溶媒中で KF によるフッ素化が起こるが, 24 時間の反応で収率はわずか 40% であった. 一方, [C₄mim]BF₄ を溶媒に用いるとクラウンエーテル不要で, わずか 2 時間の反応でフッ素化体が収率 85% で得られた (図 2.10(a)) [23].

　最近, Taber らは, フッ化セシウム (CsF) をフッ素化剤に使用するメシラートへのフッ化物イオンの求核置換反応が, イミダゾリウム環の側鎖に 4-ピレニル基を導入したイミダゾリウム塩イオン液体 (pyrene@IL) で触媒されることを報告している (図 2.10(b)). ピレン環にセシウムカチオンが配位するためにフッ化物イオンの求核性が向上したと考えられており, pyrene@IL はグラフェンに吸着するため, 反応系から容易に回収再使用できる [24].

　伊藤らは, 空気雰囲気で 3mol% のテトラフルオロホウ素鉄(II)・六水和物 (Fe(BF₄)₂·6 H₂O), あるいはアルミナ担持過塩素酸鉄(III) (Fe(ClO₄)₃·Al₂O₃) を触媒に *trans*-アネトールと 1,4-ベンゾキノンをイオン液体反応溶媒で反応させたところ, 2,3-ジヒドロベンゾフ

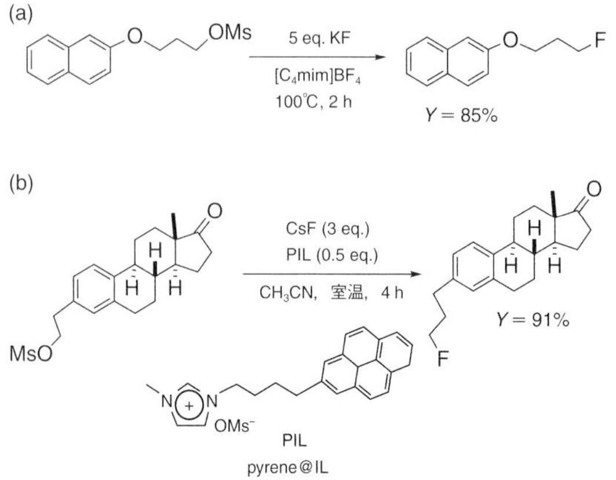

図2.10　イオン液体によるメシラートの S_N2 フッ素化反応
(a) Chi らによる（2002年）[23]，(b) Taber らによる（2017年）[24]．

ラン誘導体が良好な収率で生成することを見出した（図2.11）[25]．
この反応は水やアルコール，エーテル，ハロアルカン，トルエン，
ジクロロメタンなどの溶媒では起こらず，アセトニトリル中では反
応が進行するが，反応完結に室温で1〜2時間要した．一方，イオ
ン液体を溶媒とすると5〜10分以内に反応が完結するという劇的
な反応加速が起こった [25]．イオン液体の粘性はアセトニトリル
に比べて200倍以上高いため撹拌効率は著しく低いはずであり，
イオン液体溶媒で反応そのものが加速されたことを示している．こ
の反応は鉄イオンによる一電子酸化から始まり，反応加速効果はイ
オン液体を構成するアニオンに依存し，PF_6^- ＞ Tf_2N^- ＞ BF_4^- の
順番になり，トリフラート（OTf）では反応が遅く，トリフルオロ
酢酸アニオン（OTFA）や硫酸アニオンのイオン液体では反応が起
こらない [25]．Chi らはメシラートへの KF を使用するフッ素化

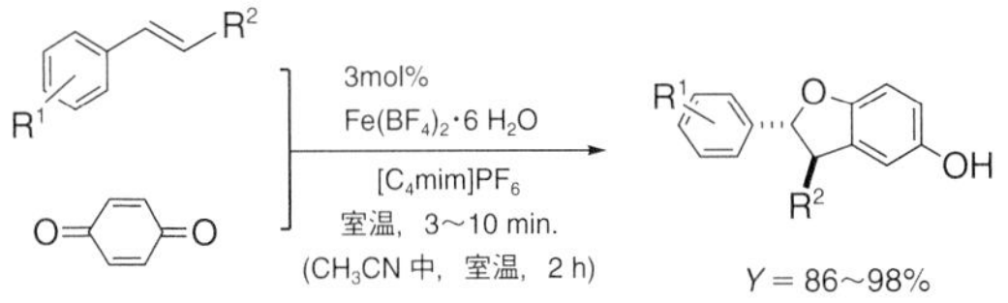

反応速度：[C₄mim]X　X = PF_6^- > NTf_2^- > BF_4^-

図 2.11　イオン液体による迅速 [2+3]環化反応 [25]

反応について改めて反応条件最適化を行った結果，塩基に炭酸セシウム（Cs_2CO_3）を加えて [C₄mim]BF_4–CH_3CN 混合溶媒中で KF を反応させると 5〜10 分で迅速にフッ素化が完結することを見出し，この反応を [18]F 化医薬合成に利用した [26]．放射性 [18]F を導入した化合物が初期の癌細胞を検出するための陽電子放射断層撮影法（positron emission tomography：PET）に使用されているが，[18]F は半減期が 110 分であるため素早く合成する必要がある．迅速にフッ素化できる本反応は PET 試薬合成法として注目される．

　PF_6^- や $[NTf_2]^-$ といったアニオンはカチオンへの配位性が低いことが知られ，プロトン受容性を示す β 値も小さい．したがって，反応中間体のカチオンを配位して安定化する性質が弱い．このため，カチオン中間体あるいは電荷分離遷移状態を安定化せずに反応加速が起きたと考えられる．また，イオン液体中ではカチオンの酸化力が上がることも期待される．たとえば，Fe^{3+}/Fe^{2+} の酸化電位は水中では 0.7 V であるが，イオン液体中では上がり 1.1 V になる [27]．カチオン種に配位せず高極性を示すため，イオン液体はルイス酸の活性化に効果があると期待される．実際に，Lee と Song らはルイス酸であるスカンジウムトリフラート（$Sc(OTf)_3$）あるいはハフニウムテトラフラート（$Hf(OTf)_4$）触媒によるフリーデル–

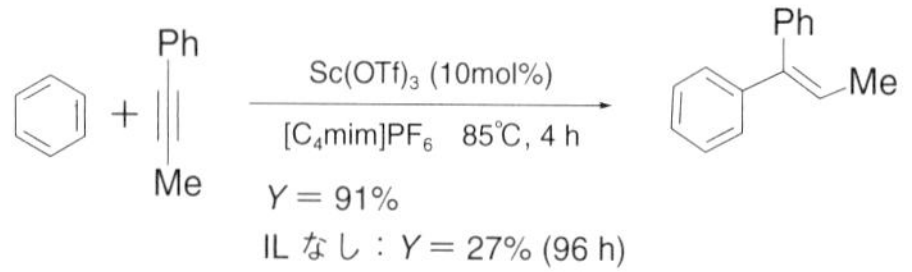

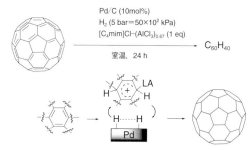

図2.12 イオン液体によるルイス酸活性化 [28]

図2.13 C$_{60}$ フラーレンの Pd/C 触媒による水素添加反応 [30]

クラフツ（Friedel-Crafts）タイプのアルケニル化が活性化されることを見出した（図2.12）．イオン液体がないと96時間反応させても収率はわずか27%であるが，イオン液体溶媒を使用すると目的物が収率91%で得られる（図2.12）[28]．この反応においてもイオン液体の対アニオンの選択が重要であり，反応性は SbF$_6^-$＞PF$_6^-$＞NTf$_2^-$＞BF$_4^-$≫OTf$^-$ の順になる [29]．

さらに，Lee と Song らは Pd/C による水素添加反応におけるイオン液体の活性化効果を見出している [30]．芳香族環の水素添加は困難な反応である．たとえば，C$_{60}$ フラーレンの Pd/C 触媒による水素添加反応は 120 bar（1.2×10^4 kPa）の水素圧，400℃という過酷な条件が必要であるが，イオン液体を加えると顕著な反応活性化が実現し，イオン液体 [C$_4$mim]Cl–(AlCl$_3$)$_{0.67}$ を使用すると，常

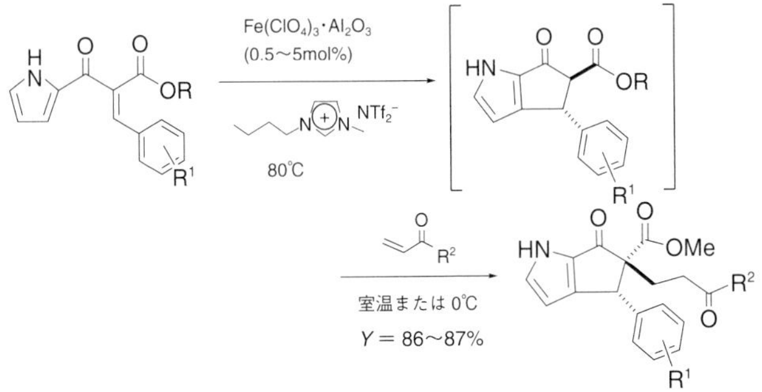

図2.14　イオン液体を使用するワンポット鉄(Ⅲ)塩ルイス酸触媒ナザロフ−
　　　　マイケル反応 [30]

圧の水素雰囲気中，室温，48時間で還元反応が進行した（図2.13）
[30]．

　ナザロフ（Nazarov）環化には強いルイス酸が必要であるが，イオ
ン液体を溶媒にすると比較的弱いルイス酸である $Fe(ClO_4)_3 \cdot Al_2O_3$
や $Fe(BF_4)_2 \cdot 6\ H_2O$ が触媒になる [31]．このため強いルイス酸が
使えないピロールやインドール誘導体を反応基質に用いるナザロフ
環化が可能になった．生じた環化体は活性メチレン化合物であるた
め，環化後にビニルケトンを加えると系内に残っている鉄塩がルイ
ス酸触媒として作用してワンポットのナザロフ−マイケル反応が実
現した（図2.14）[31]．鉄触媒はイオン液体中に保持されるため
繰返し使用ができる．

　イオン液体は構成するカチオンに酸性プロトンが存在するため，
強塩基を用いる反応には不適とされてきた [32]．Clyburne らは長
鎖アルキル基をもつホスホニウムカチオンのイオン液体を使用する
と，アルキル基の立体保護効果でグリニャール（Grignard）反応に
もイオン液体が利用できることを示した[33]．伊藤らはグリニャー

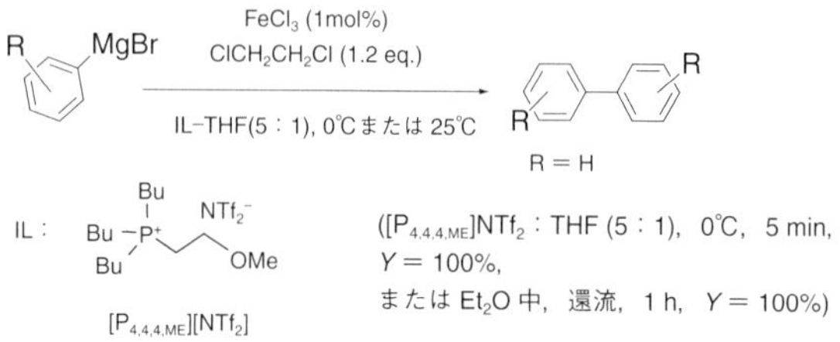

図2.15 迅速ホモカップリングによるビアリール合成

ル反応に利用できるイオン液体としてエーテル側鎖を導入したホスホニウム塩イオン液体［P$_{4,4,4,ME}$］［NTf$_2$］を開発している［34a］．このイオン液体とテトラヒドロフラン（THF）（5:1）混合溶媒中で塩化鉄（Ⅲ）（FeCl$_3$）触媒によるアリールグリニャール試薬のホモカップリング反応を行うと顕著な反応加速が起こった［34b］．オリジナル条件のエーテル溶媒中では加熱還流条件で反応完結に数〜12時間もかかるが［35］，［P$_{4,4,4,ME}$］［NTf$_2$］-THF（5:1）中で反応を行った場合，同濃度で0℃，5分以内で反応が完結した（図2.15）［34b］．エーテルに比べると数百倍も粘性が高いイオン液体中で顕著な反応加速が起きており，イオン液体は反応に大きな影響を及ぼすことがよくわかる．

　Rinaldi は DMSO のような極性溶媒にイミダゾリウム塩を加えた場合，モル比1:1以上でイオン液体単独と同等の極性になることを報告している［36］．伊藤らはセルロース溶解性イオン液体の開発の過程で，DMSO，DMF，CH$_3$CN などの極性溶媒にイオン液体を加えた場合，イオン液体のモル比が 30 mol% を超えると混合液の極性はイオン液体単独と同等になることを明らかにしている［37］．イオン液体にはヘキサメチルリン酸トリアミド（HMPA）のような強い毒性もない．イオン液体添加によるカチオン活性化は有

機合成にもっと取り入れるべきである.

2.2.3　イオン液体を触媒に使う

　イオン液体は新しい触媒素材にもなりうる.　イミダゾリウム環に
スルホン酸などの官能基を導入した task-specific イオン液体が広く
知られ［38］, スルホン酸基を末端にもつアルキル基をイミダゾリ
ウム環に導入したイオン液体がブレンステッド酸触媒として使われ
ている.　さらに, Luo らはプロリンから誘導したキラルイミダゾリ
ウム塩イオン液体を不斉マイケル（Michael）反応の触媒に使用
［39］しており, キラルイオン液体を有機触媒に使用する試みも多
数報告されている［40］.　イミダゾリウム環の2位のプロトンは
pK_a 20 程度と酸性度が比較的高い［41］.　そこで, イミダゾリウム
環の2位の酸性度を活かしてブレンステッド酸触媒的に使用し, ア
シル化反応触媒に使用する例も報告されており［42］, イミダゾリ
ウムカルベンをアシル化に使う反応も見つかっている［43］.

　最近, Obregón-Zúniga らはプロリンを対アニオンにトリグリム
のリチウム塩をカチオンとする溶媒和イオン液体を触媒に用いる高
エナンチオ選択的不斉アルドール反応を報告している.　もちろん触
媒の再使用もできる（図 2.16）［44］.

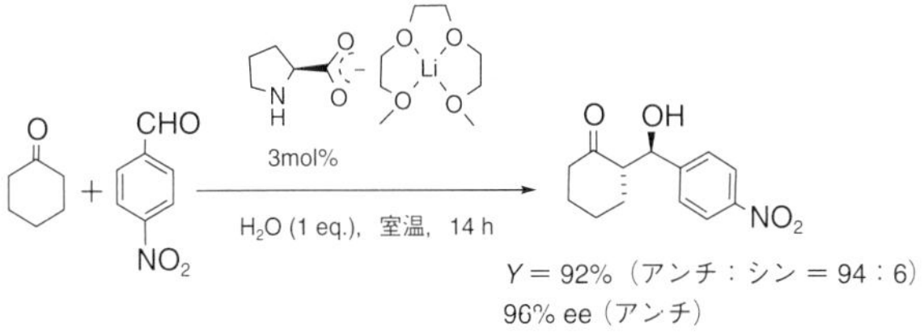

図 2.16　プロリンを対アニオンとする溶媒和イオン液体触媒による不斉
アルドール反応

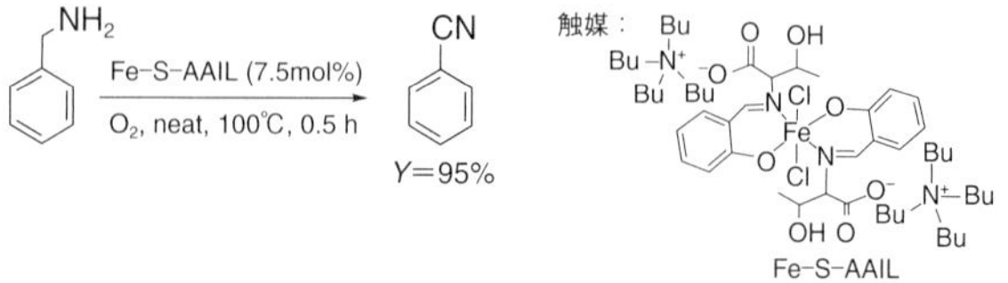

図 2.17　鉄–サレンアミノ酸イオン液体–錯体触媒によるベンジルアミンの
　　　　シアノ化反応

　Rogers らは鉄–サレン–アミノ酸イオン液体（Fe–S–AAIL）のよ
うな金属錯イオンや金属錯体を含むイオン液体を“液体金属触媒
（liquid metal catalyst：LMC）”と総称し［45］，このようなイオン
液体が触媒になりうることを提案している．実際，Varyani らはア
ラニンと Fe サレン錯体とテトラブチルアンモニウム塩を錯体化し
た Fe–S–AAIL を合成し，これを触媒とした酸素酸化でメチルアミ
ノベンゼンをベンゾニトリルに変換することに成功した（図 2.17）
［46］．

2.2.4　固体に担持して使う

　萩原らは，［C4mim］塩と Pd/C をシリカゲルに混合したイオン
液体コーティングシリカゲル担持 Pd/C 触媒（silica gel supported
ionic liquid catalyst：SILC）で溝呂木–Heck 反応が進行することを
報告した（図 2.18）［47］．シリカゲル表面のイオン液体がイミダ
ゾリウムカルベン配位子として機能し，均一系反応的に触媒反応が
進行したと考えられている．遷移金属の固体担持触媒は均一触媒に
比べると反応速度が劣ることが多いが，SILC は均一触媒と遜色の
ない速度で反応が進行し，反応後は水で洗浄すれば触媒を繰り返し
使用することができる［47］．

　Mehnert らもシリカゲルにイミダゾリウム塩を担持して Rh 錯体

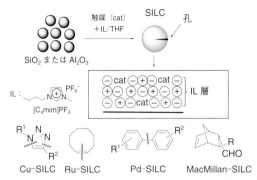

図2.18　さまざまなイオン液体コーティングシリカゲル担持遷移金属触媒 ［47］

を調製した［48］．コンセプトは萩原らの SILC とまったく同じであるが，彼らは SILP（supported ionic liquid-phase）とよび，Wasserscheid らにより多くの応用例［49］が報告されたこともあり，シリカゲル担持イオン液体で遷移金属錯体を固定化した触媒は現在では SILP とよばれている．さらに，Wasserscheid らは 30wt％ の Li/K/Cs[OAc] でアルミナをコーティングして白金（Pt）担持した触媒を開発した［50］．この触媒は反応活性が高いだけでなく，高温安定性に優れている．そこで，天然ガスに含まれる水銀（Hg）の酸化的除去のためにイオン液体 [C$_4$mim]Cl–CuCl$_2$·2 H$_2$O（1：1）をシリカゲルに固定した SILP 触媒が大規模に利用されている[51]．

2.2.5　無機化合物合成に使う

　本節は「分子をつくる」というタイトルのため，多少は目的がずれるが，イオン液体を無機化合物の合成に使用する研究について紹介したい．Morris らはゼオライトの合成時にイオン液体をテンプレートに使用して細孔のコントロールに利用し，イオン液体の無機

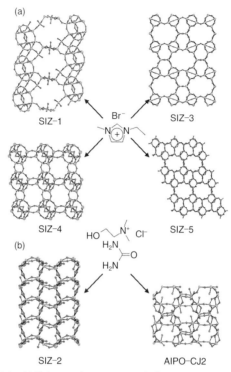

図 2.19 イオン液体をテンプレートとして合成したゼオライトの例 ［E. R. Copper, *et al.*, *Nature*, **430**, 1013（2004）］
（a）アルミノリン酸を用いた細孔．（b）塩化コリン/尿素–深共晶溶液を用いた細孔．

合成への可能性を拓いた（図 2.19）［52］．イオン液体のカチオンがアルミノリン酸結晶格子内に捕捉されてゼオライトの形成が進行するため，使用するイオン液体の構造に応じてユニークな細孔構造が発現する．そこで，［C₂mim］Br 存在下，150℃ でアルミノリン酸を前駆体に使用してゼオライト合成を行うと 4 つのタイプのゼオラ

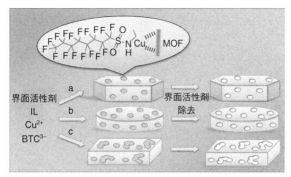

図 2.20　イオン液体をテンプレートとして合成した MOF（HKUST–1）ナノ
プレート［L. Peng, *et al.*, *Chem. Comm.*, **48**, 8690（2012）］

イトが生成し（図 2.19(a)），塩化コリン/尿素–深共晶溶液（ChCl/
urea DES）存在下では 2 つのタイプのゼオライトが生成した（図
2.19(b)）［52］。これを契機にイオン液体を使用して多孔質無機物
質の合成が行われるようになり，とくに金属有機構造体（metal-or-
ganic frame：MOF）の合成の際のテンプレートにイオン液体を使
用して機能発現を狙う研究が盛んに行われている［53］。

　Zhang と Han らは MOF とナノプレートの構築に，エチルヘ
プタデカフルオロオクチルスルホンアミド（EtNHSO$_2$C$_8$F$_{17}$）と
1,1,3,3-テトラメチルグアニジン（TMGT）から得られるイオン液
体［EtNHSO$_2$C$_8$F$_{17}$］［TMGT］の水溶液中でトリメシン酸銅水和物
（Cu$_3$(BTC)$_2$(H$_2$O)$_3$·x H$_2$O）を使用して MOF を調製すると，HKUST
–1 というナノサイズの粒子が得られることを報告している（図
2.20）［54］。同グループは同様の手法でイオン液体のマイクロエマ
ルションから MOF を形成させて MOF ナノロッドの調製にも成功
している［55］。

　イオン液体をテンプレートに使用して得られた MOF は多孔質内

の酸点を利用して，エステル化の触媒［56］や二酸化炭素捕捉に利用することができる．ここでは2例しか紹介していないが，塩であるイオン液体は，たいていは塩である無機化合物と相性が良いはずである．イオン液体は塩ではあるが主成分は有機物であり，イオン液体をテンプレートとして多孔質構造体形成後に焼結すればイオン液体の有機部分を除くことができる．ユニークな多孔質構造をもつさまざまな無機構造体の合成にイオン液体の活用が期待される．

ハロアルカンが揮発するとオゾン層破壊をもたらすことが指摘されており，有機溶媒の多くは温暖化係数が大きい．一方，イオン液体は揮発することがなくそのような心配は無用であり，燃えないという特徴は有機合成において大きな安心感を与える．ところがイオン液体の多くはトルエンやエーテルなどの汎用有機溶媒に比べると数百倍も粘性が高い．そのような粘性の高いイオン液体を溶媒に使用して大規模に利用しようとすると反応プラントを設計し直す必要があり，この点がイオン液体の工業利用が進まない原因の一つになっていた．ただし本書で紹介したように，イオン液体に触媒機能をもたせることができるし，イオン液体を固体表面に担持してイオン液体相で反応が起こるように工夫すれば，既存の反応システムにそのまま導入できる．電子移動型の反応には既存の溶媒にモル比30mol%程度のイオン液体を加えると，十分にイオン液体の特徴がでる反応が起こる．なにも溶媒全体をイオン液体に置き換える必要はないのである．イオン液体を合成反応制御に使うという立場から見直すと，今後もさまざまな新しい使い方生まれると期待される．

2.3 酵素を活かす

酵素反応は発酵などの食品用途専用という印象が強いが，現在で

は医薬品中間体や機能性分子の合成過程で工業的に広く利用されている．複数の反応点がある分子についても，なんら保護することなく選択的な官能基変換ができるのは酵素ならではである［57］．ただし，酵素はタンパク質であるため最適温度や最適 pH があり，高濃度の塩類溶液中ではタンパク質の変性を伴い失活してしまう．塩そのものであるイオン液体を酵素反応に使うのは躊躇されるかもしれない．しかし，現在では，"塩"そのものであるイオン液体中でさまざまな酵素反応が進行することがわかってきた［58］．本節ではイオン液体を酵素反応に活用する例を紹介する．

2.3.1 反応溶媒に使う

　イオン液体溶媒ではたらく酵素の代表はリパーゼである．リパーゼは生体内では脂質分解を担っており，補酵素なしではたらき，脂肪酸のグリセリンエステルを分解して脂肪酸を遊離する酵素であるトリアシルグリセリドリパーゼ（EC3.1.1.3）を示す［57］．酵素は基質特性が狭いとよくいわれるが，リパーゼについては当てはまらず，非常に幅広い種類のエステルを基質として受け容れる．しかも，幅広い基質を受け容れながらもエナンチオマーを識別して反応する．ラセミ体のエステルを使用した場合，通常は (R)-体のエステルが優先的に加水分解され (R)-カルボン酸となり，(S)-体エステルは未反応で残る．カルボン酸とエステルはクロマトグラフィーで容易に分離できるため，リパーゼで加水分解することでエナンチオマーを分離できることになる．また，リパーゼはアルコールとカルボン酸エステルを共存させると，イソオクタン，ヘキサン，トルエン，ジイソプロピルエーテルなどの非水有機溶媒中でも触媒機能を発揮し，加水分解の逆反応に相当するアルコールのエステル化（アシル化）が起こる．このときの反応もエナンチオ選択的に起こ

るため，反応後に生じたエステルと未反応アルコールを分離すれ
ば，アルコールのエナンチオマーを分離することができる．さら
に，アルコールのみならずアミンも基質にできる．

　イオン液体は非水溶媒である．そこで伊藤らは，イオン液体を溶
媒としてリパーゼが不斉アシル化の触媒として機能することを明ら
かにした［59］．不斉アシル化は E 値 200 以上で進行し，反応終了
後エーテルを加えると，エーテル層とイオン液体層に分離する．未
反応アルコールと生じたエステルはエーテル層に移って定量的に得
られ，イオン液体層には酵素が残るため，エーテル層を分離したの
ち，減圧してイオン液体層のエーテルを除き，基質アルコールとア
シル化剤を加えると再度アシル化が進行して酵素を再利用すること
ができた（図 2.21）［59］．リパーゼ触媒によるエステル交換反応

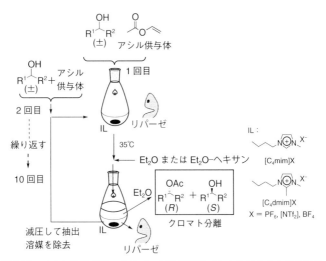

図 2.21　イオン液体を用いるリパーゼ触媒不斉アシル化によるキラルアル
　　　　コールの合成

にはアシル化剤として酢酸ビニルがよく用いられる．酢酸ビニルではエステル交換後に生じるビニルアルコールがただちに互変異性してアセトアルデヒドを生じ，逆反応が起こらないためである．アセトアルデヒドは酵素タンパク質のアミノ基とシッフ（Schiff）塩基を形成するため酵素阻害を起こすことが多いが，リパーゼのアシル化は通常開放型で行うため，揮発性のアセトアルデヒドは速やかに反応系から放出されて問題を起こさない．ところが，[C$_4$mim] 塩イオン液体を溶媒に用いると，イオン液体中にアセトアルデヒドオリゴマーが蓄積し，繰り返し使用すると酵素阻害が起こった [60]．イミダゾリウム環の 2 位のプロトンの酸性度が高く，アセトアルデヒドのオリゴマー化が触媒されたと考えられる．ただし，[C$_4$mim]の 2 位プロトン自体がブレンステッド酸としてアセトアルデヒドのオリゴマー化を触媒するとは考えがたい．実際，2 位プロトンはpK_a 値 20 程度と報告されている [41]．伊藤らはイオン液体溶媒中に微量に存在する水分子がイミダゾリウム環の 2 位プロトンで捕捉され，このため捕捉された水分子のプロトンのブレンステッド酸性が上がり，アセトアルデヒドのオリゴマー化を触媒すると推測し，2 位をメチル化してプロトンをなくした [C$_4$dmim]BF$_4$ を反応溶媒に用いたところ，予期したようにイオン液体中にアセトアルデヒドオリゴマーの蓄積が認められなくなり，10 回以上酵素を繰り返して利用することに成功した [61]．

　イオン液体は蒸気圧がきわめて低く，減圧しても揮発しない液体である．この性質を活かして減圧条件でリパーゼ触媒による不斉アシル化を行うことができる．減圧反応では，エステル交換で生じるメタノールを反応系から除けるため化学平衡をエステル化の方向に進めることができ，一般にアシル化に適していないメチルエステルをアシル化剤に使用できる [60]．リパーゼの場合，単純なカルボ

ン酸エステルよりも α 位にフェニルチオ基などのヘテロ原子官能基を導入するとエナンチオ選択性が向上することが多い［62］．このような修飾カルボン酸のビニルエステル合成は面倒であるが，メチルエステルであれば修飾カルボン酸が自在に合成できるため，アシル供与体のデザインの自由度が増大し，一般的な［C$_4$mim］塩イオン液体を溶媒に使用することができる．

　脂質をメタノールでエステル交換すれば，グリセリンと高級脂肪酸メチルエステルが生成する．高級脂肪酸メチルエステルはバイオディーゼルオイルとして知られ疎水性であり，エステル交換が進むと自然にイオン液体層の上に分離するために単離精製が容易である．このため，酵素法によるバイオディーゼルオイル製造が盛んに研究されている［63］．Lozano らは，［C$_{16}$tam］［NTf$_2$］を合成し，

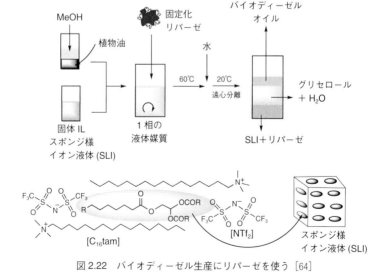

図 2.22　バイオディーゼル生産にリパーゼを使う［64］

このイオン液体がリパーゼ触媒によるディーゼルオイル合成に有効であることを示した（図 2.22）[64]．[C$_{16}$tam][NTf$_2$] は室温では固体であるが，アルキル鎖間に空隙をもつ固体状であり，この中に反応基質である高級脂肪酸が吸い込まれるように取り込まれるため，彼らはこれをスポンジ様イオン液体（sponge-like ionic liquid：SLI）とよんでいる．SLI は 50℃ 以上で液化する．そこで SLI と脂質（液体植物油）とメタノールを混合し，60℃ に加熱すると SLI の空隙に脂質が取り込まれ均一系になる．ここに固定化リパーゼとメタノールを加えるとエステル交換反応が起こり，高級脂肪酸メチルエステルとグリセロールになる．室温に戻して遠心分離を行うと，最上層に高級脂肪酸メチルエステル，2 層目にグリセロールと水，最下層にリパーゼを含む [C$_{16}$tam][NTf$_2$]（SLI）という 3 層が形成され，リパーゼを含む最下層はそのまま固化するため簡単に分離でき，この反応システムを使うことでリパーゼの繰返し使用を達成した [64]．

　糖はその高い水溶性のため既存のアシル化剤を用いて位置選択的にエステル化することが難しく，化学的なアシル化では保護，脱保護という多工程が必要になる．しかし，リパーゼを使用するとヒドロキシ基を保護することなく糖分子内の特定のヒドロキシ基の選択的なアシル化ができる．Koo らはイオン液体に糖がよく溶解することに着目して，リパーゼを使用してグルコースの位置選択的な長鎖脂肪酸エステル化を行った．まずグルコースをイオン液体に溶解してグルコースの濃厚イオン液体溶液を調製し，ドデカン酸ビニルをアシル化剤としてリパーゼ Novozym 435 を加えたイオン液体中に加えると，グルコースの 6 位のみドデカン酸エステル化することができた（図 2.23）[65]．安全な界面活性剤として長鎖脂肪酸のグルコースエステルの需要が高まっているが，酸無水物も塩基も不要

な長鎖脂肪酸グルコースエステルの環境調和型合成法として優れた方法である.

　パン酵母（*Saccharomyces cerevisiae*）を使用するケトンの不斉還元にイオン液体溶媒が利用できることを Howarth らが報告している［66］．イオン液体のみではまったく反応が進まず［C₄mim］PF₆–水＝10：1 混合溶媒が必要であり，水で膨潤させたアルギン酸ナトリウムで固定化した酵母が使われている.

　通常，緩衝液水溶液中でパン酵母を用いてアセト酢酸エチルを還元すると (*S*)-3-ヒドロキシ酪酸エチルが得られる．ところが，Vitale らはアセト酢酸エチルのパン酵母還元を DES を溶媒中で行うと，(*R*)-体のヒドロキシ酪酸エチルが 95% ee で得られることを

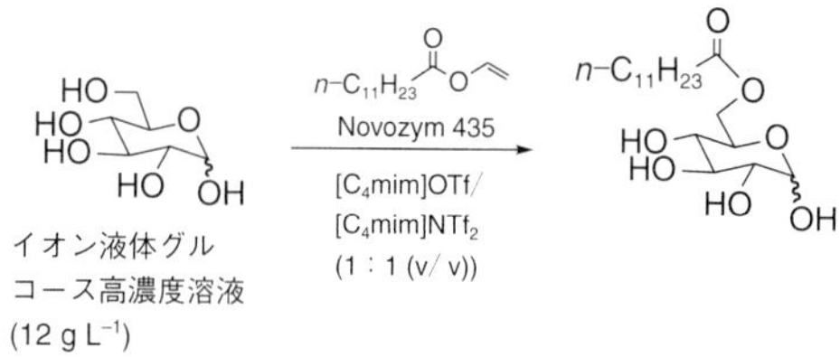

図 2.23　グルコースの選択的アシル化［65］

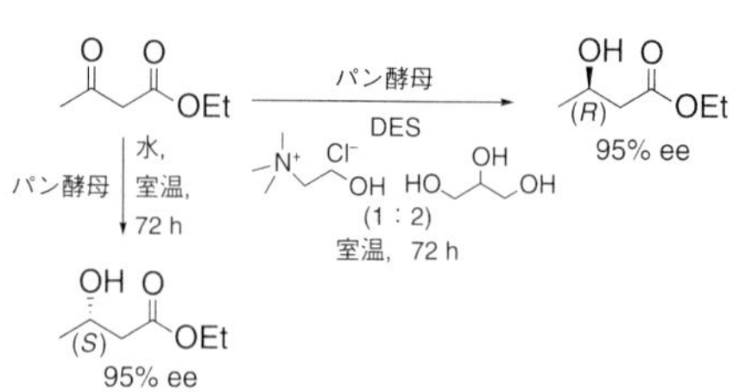

図 2.24　DES を使うパン酵母還元［67］
溶媒選択で酵母内の酵素を選択的に阻害する.

見出した（図 2.24）[67]．微生物は異なる立体選択性をもつ酵素
を有していることがあり，パン酵母内ではケトエステルを (S)-選
択的に還元する酵素と (R)-選択的に還元する酵素が共存しており，
イソプロピルアルコールなどの添加物で (S)-酵素が阻害されてエ
ナンチオ選択性が向上することが知られている [68]．DES：
$(ChCl：Fru，Gly，Glc，尿素)$-水の混合溶液中でパン酵母を作用
させた場合，DES：$(ChCl：Fru，Gly，Glc，尿素)$ により (S)-酵
素が阻害されて (R)-アルコールが選択的に得られたと考えられる
[67]．

　松田らは高分子吸水ポリマーで固定化したチチカビ（*Geotrichum
candidum*）（IFO5767）によるイオン液体中でケトンの不斉還元を
実現した（図 2.25）[69]．活性はイオン液体の対アニオンに依存
し，$[C_2mim][EtSO_4]$ や $[C_4mim][OTf]$ 中ではまったく反応が進
行しないが，$[C_4mim]PF_6$ や $[C_4mim]BF_4$ では収率良く生成物が得
られている．高分子吸水ポリマーで酵素を固定化して含水条件にす

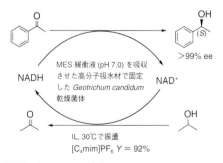

図 2.25　高分子吸水ポリマーで固定化した *Geotrichum candidum* 由来酵素によ
　　　るケトンの不斉還元 [69]
NADH：還元型ニコチンアミドアデニンジヌクレオチド．MES：2-(N-モルホリ
ノ)エタンスルホン酸．

る方法は簡単で応用性が広く，さまざまな酵素に適応できる．

　松田と北爪らは，さらに，*Geotrichum candidum* 由来酵素によ
る 1–フェニルエタノールの不斉酸化を利用してラセミ体 1–フェニ
ルエタノールの動的光学分割（dynamic kinetic resolution：DKR）
を達成した［70］．アセトフェノンに緩衝液–イオン液体［C₂mim］-
BF₄混合液中で6.4当量の水素化ホウ素ナトリウム（NaBH₄）を加
えるとアセトフェノンが還元されてラセミ体の 1–フェニルエタ
ノールが生じる．ここに高分子吸水ポリマーで固定化した *Geo-
trichum candidum* を加えると，(*S*)–1–フェニルエタノールのみ
が酵素で酸化されてアセトフェノンになる．生成したアセトフェノ
ンは反応系に過剰に存在している NaBH₄ で還元されラセミ体の 1–
フェニルエタノールが生じる．一方，(*R*)–1–フェニルエタノール

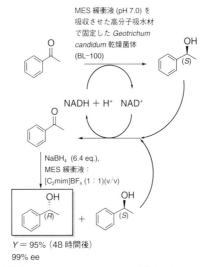

図 2.26　酵素触媒によるアルコールの不斉酸化を用いる DKR 反応［70］

は *Geotrichum candidum* の酵素で酸化されることがないため反応系内に未反応で残り，このプロセスが繰り返されることで (*R*)−1−フェニルエタノールが蓄積して DKR 反応が実現した（図 2.26）［70］.

　イオン液体中で反応が進行する酵素としてラッカーゼ（EC1.10.3.2）がある．この酵素はブルー銅タンパク質の一員であり，ウルシが酸化重合して固化していく反応を担う酵素として 1883 年にわが国で見つかった酵素である［71］. ラッカーゼは植物体内でリグニンなどのポリフェノールの酸化分解あるいは重合を触媒していると考えられており，植物に限らず，カビやバクテリア，一部の昆虫もこの酵素を有している［72］. Franzoi らは，酵素をイオン液体とヌジョールのペーストを混合し電極に塗布してセンサーを製作したところ，センサーの寿命が顕著に延びることを示した［73］. これ以降，ラッカーゼの安定化のためにイオン液体を使用する研究が盛んに行われている［58］. 一方，ラッカーゼが分子をつくる目的で使用された最初の反応はインドールの 3 量化反応である. Aboofazeli らは非イオン性界面活性剤トリトン X−100（TX−100）でコーティングしたラッカーゼをイオン液体セチル(トリメチル)ア

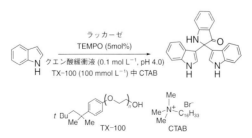

図 2.27　ラッカーゼによるインドールの 3 量化反応［74］

ンモニウムブロミド（CTAB）とクエン酸緩衝液（pH 4.0）混合溶
液中でインドールに作用させると3量体が生成することを見出した
（図2.27）[74]. ラッカーゼの有機合成への利用については緒につ
いた段階であり，環境に優しい酸化反応として今後の進展が期待さ
れる.

2.3.2 酵素反応の活性化に使う

　伊藤らは [$C_{16}(PEG)_{10}SO_4$] アニオンとイミダゾリウムカチオン
の組合せからなるイオン液体（IL1）を合成し，IL1 と *Burkholde-
ria cepacia* リパーゼ（リパーゼ PS，分子質量 33 kDa）の緩衝液
水溶液を凍結乾燥して得られたイオン液体コーティングリパーゼ
（IL1–PS）がきわめて高活性を示すことを見出した [75]. セチル
PEG10 のみを加えて凍結乾燥した場合は，反応中に PEG がタンパ
ク質からはずれて溶媒中に移動してしまい反応速度の上昇が認めら
れず，酵素活性化にはイオン液体化が大切であることがわかってい
る. 単に IL1 とリパーゼ PS の粉末を混合しただけではアシル化速
度は向上せず，凍結乾燥処理が必須である（図2.28）[75b]. コー
ティングするアルキル PEG 硫酸 [R$-$(OCH$_2$CH$_2$)$_n$OSO$_3$]$^-$ イオン液
体については，アルキル基（R）を短くすると活性化能が低下し，
さらに，PEG の n は 10 が最適であり，コーティングに用いるイオ
ン液体は酵素タンパク質について 100 当量が最適であった. 時間
飛行型質量分析（TOF–MS）の結果，IL1 はリパーゼのタンパク質
表面に強く吸着していると推察されている [75b].
　さらに，コーティングするイオン液体のカチオンを変化させる
と，酵素の基質特異性も変化することがわかった [76]. イミダゾ
リウムカチオンにキラルなメチルピロリジンを連結させた場合，酵
素活性はピロリジン部分の立体配座で変化し，非天然 D–プロリン

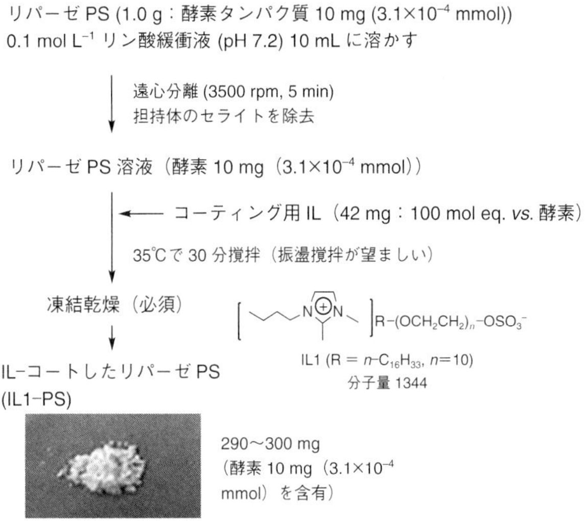

リパーゼ PS (1.0 g：酵素タンパク質 10 mg (3.1×10⁻⁴ mmol))
0.1 mol L⁻¹ リン酸緩衝液 (pH 7.2) 10 mL に溶かす

↓ 遠心分離 (3500 rpm, 5 min)
　担持体のセライトを除去

リパーゼ PS 溶液 (酵素 10 mg (3.1×10⁻⁴ mmol))

↓ ◄─── コーティング用 IL (42 mg：100 mol eq. *vs.* 酵素)
↓ 35℃で 30 分撹拌 (振盪撹拌が望ましい)

凍結乾燥 (必須)

IL–コートしたリパーゼ PS
(IL1–PS)

$$\left[\underset{\text{N}^{\oplus}\text{N}}{\diagdown\diagup} \right] \quad \text{R–(OCH}_2\text{CH}_2)_n\text{–OSO}_3^-$$

IL1 (R = n-C₁₆H₃₃, n=10)
分子量 1344

290〜300 mg
(酵素 10 mg (3.1×10⁻⁴ mmol) を含有)

図 2.28　イオン液体をコーティングした酵素の調製法

から誘導した [C₁₆(PEG)₁₀SO₄] でコーティングしたリパーゼは天然型 ʟ-プロリンから誘導した [C₁₆(PEG)₁₀SO₄] でコーティングしたリパーゼに比べて高い活性を示した [76a]．さらに，第四級アンモニウムカチオンと組み合わせると基質特性が大きく変化し，1,2,3-トリス(*N,N*-ジエチルアミノ)シクロプロペニリルカチオン [TAC1] と [C₁₆(PEG)₁₀SO₄] アニオンで構成されるイオン液体 [TAC1][C₁₆(PEG)₁₀SO₄] でコーティングしたリパーゼ [TAC1]–PS と IL1–PS は，同じ酵素でありながら異なる基質特異性を示した [76c]．伊藤らが開発したリパーゼコーティング用イオン液体を図 2.29 に示す [75, 77]．いずれもアニオン部は同一である．

　アミノ酸，なかでもグリシンはリパーゼタンパク質を精製する過程でタンパク質の安定化に使用されている．伊藤らはアミノ酸コー

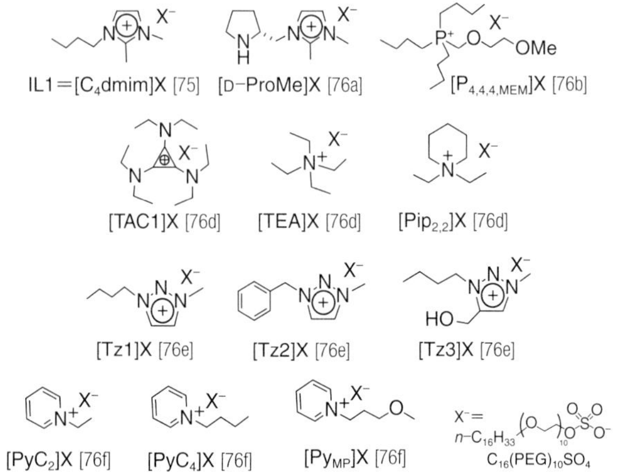

図 2.29 リパーゼ活性化のためのコーティング用イオン液体 [75-77]

ティングでリパーゼの活性化ができないか調べたところ，天然アミ
ノ酸単独では，いずれでコーティングしても酵素反応速度には影響
がなかった．ところが，等モルの IL1 とアミノ酸を混合してリパー
ゼのコーティング処理を行うと，得られたリパーゼは IL1 単独より
も高活性を示し，IL1 と L-プロリンと L-チロシンの組合せがよいこ
とがわかった［76c］．一方，［TAC1］とアミノ酸でリパーゼをコー
ティングした場合は L-メチオニンとの組合せがよかった［76d］．
イオン液体とアミノ酸に相性があることは興味深い．

　イオン液体コーティングリパーゼは，イオン液体溶媒を使うこと
で繰り返し利用できるが，使用するイオン液体でアシル化速度が大
きく変化する．ホスホニウム塩イオン液体を溶媒に使用したとこ
ろ，アニオンは同じ［NTf$_2$]$^-$を使用しても，カチオンが異なると
反応速度が大きく変わり，［P$_{4,4,4,ME}$]［NTf$_2$] 溶媒を用いるとジイソ

プロピルエーテル（i-Pr$_2$O）溶媒を超える高速でアシル化が進行し，さらにアルキルエーテル部を伸長した［P$_{4,4,4,\text{MEM}}$］［NTf$_2$］は，粘性は［P$_{4,4,4,\text{ME}}$］［NTf$_2$］より上がったがアシル化速度がさらに向上した［77a］．1-フェニルエタノールをモデルに［P$_{4,4,4,\text{MEM}}$］［NTf$_2$］溶媒と i-Pr$_2$O 溶媒中のリパーゼの K_m，K_cat を比較したところ，K_m 値は変化しないが K_cat 値が［P$_{4,4,4,\text{MEM}}$］［NTf$_2$］溶媒中で大きく増大した．これはイオン液体中で酵素活性自体が向上したことを意味する．イオン液体コーティング酵素の反応性は溶媒として用いたイオン液体溶媒に依存し，カチオンにエーテル官能基をもつ第四級アンモニウム塩，ホスホニウム塩イオン液体が溶媒として優れていた［77b］．トリアゾリウム塩セチル PEG10 硫酸イオン液体（Tz1）でコーティング処理した酵素 Tz1-PS を使用し，［N$_{1,2,2,\text{MEM}}$］［NTf$_2$］を溶媒に使用して酵素の繰返し実験を行ったところ，2 年間にわたりまったく酵素活性が低下しないという驚嘆する結果が得られた［76e］．リパーゼは丈夫な酵素であるが，それでもヘキサンなどの非水溶媒中，もちろん水溶液中でも長期保存はできない．ところが，［N$_{1,2,2,\text{MEM}}$］［NTf$_2$］溶媒中で 1-フェニルエタノールをモデル基質に Tz1-PS でアシル化する実験を繰り返して活性を調べたところ，2 年間にわたり酵素活性がまったく低下しなかったのである（図 2.30）．Tz1 のリパーゼ安定化効果と溶媒である［N$_{1,2,2,\text{MEM}}$］［NTf$_2$］の協調作用でこのような安定化が実現したと思われる［76e］．

　リパーゼ触媒反応と遷移金属触媒反応を同一反応系内で行うこともできる．通常のラセミ体の分割では，各エナンチオマーの収率は最大でも 50％ である．しかし，DKR 反応では理論的に収率 100％ でいずれかのエナンチオマーを得ることが可能になる．そこでラセミ化とリパーゼ触媒不斉アシル化を組み合わせると DKR が可能になる［78］．Kim らは，リパーゼ–Ru コンボ触媒による DKR がイ

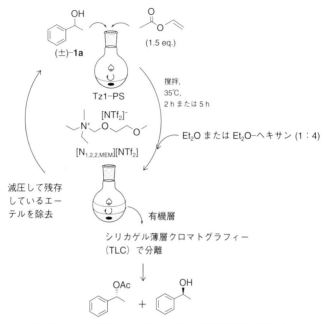

図 2.30　イオン液体をコーティングした酵素の繰返し利用 ［76e］

オン液体中で効率的に進行することを報告している．Ru 触媒によるケトンの酸化還元を経由するラセミ化がイオン液体中で加速されるため，(*R*)-体アセタートを 99％ ee，収率 98％ で得ることができる［79］．さらに，Kim らは PEG 基を 3 個連結したフェニルカルボン酸カリウム塩 ISCB1 でコーティング処理したリパーゼを使用すると，DKR 反応の効率が上がることも見出している（図 2.31）［80］．

　イオン液体のみではたらく酵素はリパーゼやプロテアーゼ，ラッカーゼに限られているが，イオン液体に少し緩衝液を混合すると触

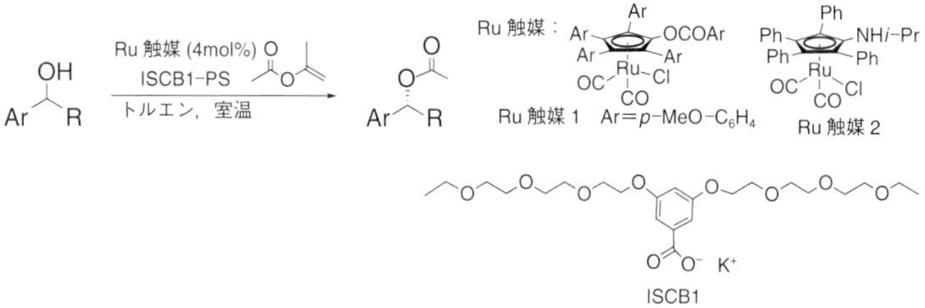

図2.31 リパーゼ–Ru コンボ触媒による第二級アルコールの DKR 反応 [80]

媒機能を発揮する酵素は多い [58]．イオン液体はカチオンとアニオンの組合せでさまざまな機能を盛り込め，水と混合するとユニークな相形成を行うため，タンパク質の抽出にも利用されている（第3章を参照）．タンパク質の安定化効果をもつイオン液体は多く，本節で紹介したようにイオン液体を使用してリパーゼの活性化ができる．工夫次第で酵素反応を活かす例はさらに増えると思われる．

2.4 イオン液体で分子を壊す

地球上の資源の循環利用が叫ばれるようになって久しい．たとえばプラスチックは化石燃料由来であり，化石燃料資源の節約という観点からリサイクル使用が望ましい．ポリエチレンテレフタレート（PET）はリサイクル使用が進んでいるが，分子レベルまで解重合してリサイクルしているわけではない．理想的なリサイクルを望むのであれば高分子であるプラスチックを分子レベルで解重合してもとのモノマーに戻す必要があるが，プラスチックの性質は原料モノマーで大きく変化し，その処理方法はさまざまである．条件を厳しくすれば解重合過程でモノマーも分解してしまい，もはやリサイク

ルとはいえない事態になる．イオン液体は溶融塩であるため，（1）
蒸気圧がほとんどない，（2）液体として存在する温度範囲が広く熱
的に安定，（3）各種の有機・無機物を選択的に溶解し，（4）極性
と溶解性をデザインできるためきわめて高極性であるが水に溶けな

■コラム 6

ドラッグデリバリーイオン液体

　医薬を体内に注入するには多くの場合，注射という手法が用いられる．も
し，飲み薬として投与，あるいは塗布するだけで体内に医薬を浸透させること
ができれば患者の苦痛軽減は大きい．そのような例が糖尿病患者の薬であるイ
ンスリンである．インスリンは血液中の血糖値を制御するホルモンであるペプ
チドであり，21個のアミノ酸からなるペプチド（A鎖）と30個のアミノ酸か
らなるペプチド（B鎖）がジスルフィド結合をして形成されており，その分子
量は5807で，ペプチドであるため，そのまま経口投与しても腸から吸収され
る前に分解されてしまう．ヒトの皮膚はおおまかに表皮・真皮・皮下組織の3
層構造をとり，表皮の多くは角化細胞で構成され，水分蒸発や異物の侵入，紫
外線などの外的環境から人体を防御している．薬を体内に入れるには，表皮を
通過させる必要があるが，表皮を通過して血管がある真皮層に到達するのは分
子量500以下の低分子に限られ，たとえインスリンを表皮に塗布しても真皮層
に到達できない．このためにインスリンは注射でしか投与できない薬であっ
た．

　後藤らはカチオンに長鎖アルキル基を導入したイオン液体 [C$_n$im][C$_2$COO]
（図(a)）にインスリンを溶解し，この溶液をブタの表皮に塗布すると，インス
リンが表皮を透過することを見出した [1]．イオン液体のカチオン部のアルキ
ル鎖が細胞膜の脂質層の疎水性部分に進入することで，脂質二重膜がインスリ
ンタンパク質が通過しやすくなったと考えられている [2, 3]．

　ついで，Mitragotri らは，コリンカチオン，ゲラン酸アニオン（[GE]$^-$），ゲ
ラン酸（GE）の組合せによる DES の一種である CAGE（図(b)）がインスリ

い液体ができる，という特徴がある．イオン液体の特徴のなかで，
（2）液体として存在する温度範囲が広く熱的に安定（さまざまな温
度での反応が可能），（3）各種の有機・無機物を選択的に溶解する，
（4）きわめて高極性であるが水に溶けない，という性質は有機化合

ンの皮膚透過を助ける作用があることを報告した［4］．コリンもゲラン酸も自
然界に広く存在し，われわれが古くから摂取してきた化合物であり CAGE は
安全性が高い．さらに最近，彼らは CAGE とインスリンを混合してカプセル
に詰めることで，インスリンが経口で体内に吸収されることを発見した［5］．
インスリンを経口で投与できるインパクトは非常に大きく，今後の発展が待た
れる．

図　皮膚透過補助機能をもつイオン液体（a）と DES の一種 CAGE

［1］ S. Araki, R. Wakabayashi, M. Moniruzzaman, N. Kamiya, M. Goto, *Med-ChemComm*., **6**, 2124（2015）.
［2］ N. Adawiyah, M. Moriruzzaman, S. Hawatulaila, M. Goto, *MedChemComm*., **7**, 1881（2016）.
［3］ M. Zakrewsky, S. Mitragotri, *et al*., *Adv. Healthcare Mater*., **5**, 1282（2016）.
［4］ A. Banerjee, S. Mitragotri, *et al*., *Adv. Healthcare Mater*., **6**, 1601411（2017）.
［5］ A. Banerjee, S. Mitragotri, *et al*., *Proc. Natl. Acad. Sci. U. S. A*., **115**, 7296（2018）.

物の分解にとり有利な性質である．この節ではイオン液体をプラスチックの解重合に使う例を紹介する．

2.4.1　プラスチックの解重合

　ポリマーの解重合には一般的に300℃ 程度が必要とされている．このような高温に耐える有機溶媒は存在せず，イオン液体の独壇場である．上村らはイオン液体を使うナイロン-6 の解重合を世界に先駆けて実現した［81］．一般的なイミダゾリウム塩よりもピロリジウム塩がよい結果を与え，［Pip$_{1,3}$］［NTf$_2$］に 5 mol％ という触媒量の 4-ジメチルアミノピリジン（DMAP）を加えて加熱することでナイロン-6 の解重合を達成し，86％ という良収率で ε-カプロラクトンに変換することに成功した（図 2.32）．反応後に減圧蒸留することで直接 ε-カプロラクトンを得ることができ，反応後のカラムクロマトグラフィーが不要という大きな利点がある．イオン液体は着色するがリサイクル使用もできる．この反応では300℃ という温度が最適であり，270℃ ではほとんど解重合が起こらず，330℃ まで上げるとイオン液体の分解が始まり ε-カプロラクトンの収率が低下する［81a］．ナイロン-6 では末端に第一級アミノ基が存在しているため，分子内でカルボニル基を攻撃して ε-カプロラクタムが生成するとともに，ふたたび第一級アミノ基が生じて解重合反応が進行すると考えられる．このときに DMAP が存在する

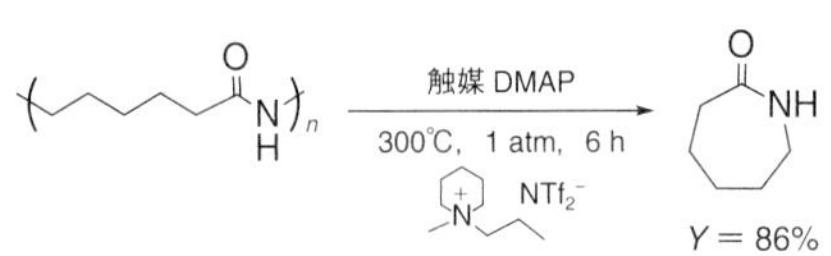

図 2.32　イオン液体を使用するナイロン-6 の解重合［81］

と，内部のアミド基を攻撃して末端アミノ基を生成するため解重合反応が効率よく進行したと推定されている（図2.32）［81b］.

　Dez らは，ブタジエンのポリマーである天然ゴムの解重合にイオン液体を利用している［82］. 廃タイヤゴムをイオン液体であるトリヘキシル(テトラデシル)ホスホニウム=クロリド（Cyphos 101）に溶解し，オレフィンメタセシス触媒 Grubbs II（1mol%）と 2 mol% の *cis*-1,4-ジアセトキシ-2-ブテン（DBA）を作用させると，メタセシス反応でポリマー鎖が切れて両末端がアセトキシ化されたオリゴマーになり，ポリマー分子量が原料のブタジエンポリマーのほぼ 1/10 になることがわかった［82］. ただし，Cyphos 101 は多くの有機溶媒によく溶けるために生成物の抽出が困難であった. そこで，イオン液体を［C$_8$C$_8$im］Br に変更してアセトンを加えると，末端がアセトキシ化されたポリマーが沈殿して単離に成功したが，アセトキシ化されたオリゴマーの分子量は当初のポリマーの 1/3 程度になった（図2.33）［82］. 触媒がイオン液体層に残るため繰返し使用も可能であったが，リサイクルを繰り返すと徐々に解重合機能が低下し，得られる末端ジアセトキシポリマーの分子量が増加することがわかった. 現時点では完全にブタジエンモノマーまで解

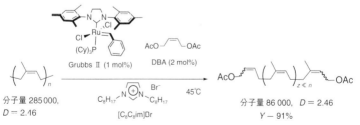

図2.33　イオン液体溶媒中での天然ゴムの解重合 ［82］
D：ポリマーの分子量分散度.

重合することには成功していないものの，分解条件と触媒のさらなる最適化が待たれる．

　PET は飲料容器に広く利用されているポリマーであり，PET のようなポリエステルの解重合にイオン液体が有効である．PET はリサイクル使用システムが最も確立しているポリマーであるが，その多くはポリマー状態でのリサイクルにであった．PET をモノマーまで解重合する最初の例を Zhang らが 2009 年に報告した［83］．PET の溶解性は［C₄mim］AlCl₄ が最もよかったが，このイオン液体は水に不安定であり，実用的には［C₄mim］Cl がよく，触媒には酢酸亜鉛（Zn(OAc)₂）がよいことがわかった［83］．Yue らは塩基性のイオン液体［C₄mim］OH をアルコリシス触媒に使い PET をエチレングリコールジエステルに変換した［84］．ElMetwally らはベントナイトに担持した［C₄mim-Fe］［OAc］₃ をアルコリシス触媒に使用して PET をエチレングリコールで加溶媒分解を行うことで，テレフタル酸ジエチレングリコールエステルを収率 40％ で得た（図 2.34）［85］．Liu らはポリカーボネートや PET，ポリ乳酸エステルのアルコリシス解重合にイミダゾリウムアニオンとプロトン化ジアザビシクロウンデセン（H–DBU）カチオンを組み合わせたイオン液体を使用して，よい結果を報告している［86］．これらのポリ

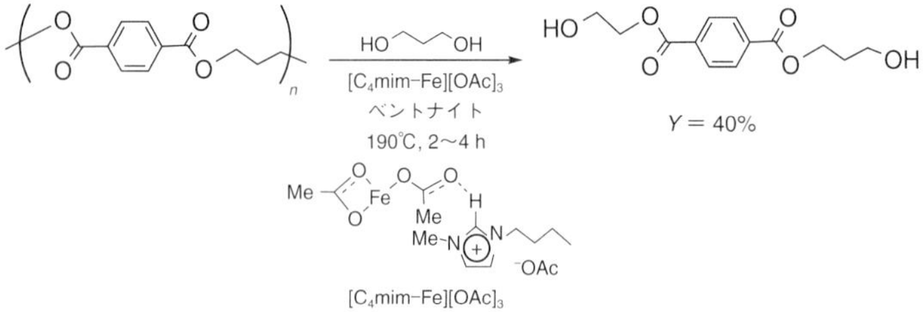

図 2.34　イオン液体溶媒中での PET の解重合例［85］

マーはいずれもイオン液体によく溶け，その熱安定性と極性の高さからアルコリシス反応による解重合がスムーズに進行したと考えられる．さらに，DES を溶媒に使用すると PET のグリコシル化による解重合が進行し，対応するテレフタル酸エステルが得られることも報告されている［87］．

2.4.2　バイオマスの解重合

　Zhang らは，フルクトースに［C₂mim］Cl と 6mol％ の塩化クロム（CrCl₂）を加えて 120℃ で加熱すると，5-ヒドロキシメチルフルフラール（5-HMF）が 70％ 以上の収率で得られることを見出した［88］．ついで Chen らは，セルロースを［C₂mim］Cl に溶解し，これに水を加えて 120〜140℃ に加熱するとセルロースの加水分解が進行すること，このとき CrCl₂ を加えて加熱すると 5-HMF が収率よく得られることを報告した（図 2.35）［89］．イオン液体の 2 位プロトンに水が捕捉され，ブレンステッド酸として機能してセルロースの加水分解が起こり，反応系内で生成した［C₂mim］CrCl₃ が加水分解で生じたグルコースの開環異性化をひき起こして，ついで脱水反応で 5-HMF が生成したと考えられている（図 2.35）［89］．一方，Raines らは乾燥させたトウモロコシ柄を *N,N*-ジメチルアセトアミド（DMA）-LiCl／［C₂mim］Cl に溶解させて，DMA，H₂SO₄（6mol％），KI（10mol％），100℃ で 5 時間加熱というシンプルな条件で HMF を収率 92％ で得ることに成功している［90］．

　Chou らはブレンステッド酸イオン液体［HSO₃C₄mim］HSO₄ でセルロースの加水分解が進行することを報告し［91a］，さらに，［HSO₃C₄mim］HSO₄ と塩化マンガン（MnCl₂，20mol％）との組合せでセルロースからフルフラールへの直接変換を達成した［91b］．ただし，生成物は HMF が 37％，フルフラールが 18％，レブリン

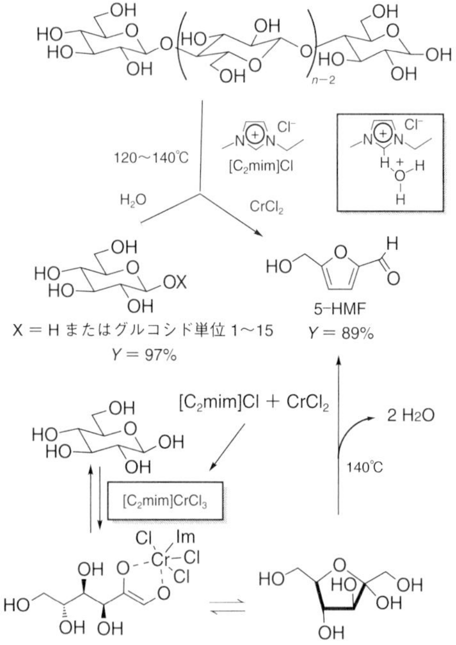

図 2.35　イオン液体を使用するセルロースの加水分解と化学変換 [88]

酸が 18% という混合物になる．

　リグニンはセルロース，ヘミセルロースとともに植物体を構成する主成分であり，地球上に最も豊富に存在する芳香族資源である [92]．リグニンは植物により部分構造が異なるフェノール誘導体の複雑なポリマーからなる．このため現在提唱されているリグニンの構造はあくまでモデル構造であり（図 2.36），切断ポイントは 5-5′, α-O-4, 4-O-5, β-1, β-O-4, β-β と最低でも 6 箇所あり，解重合の結果生じる最終化合物は最低でも 3 種のアルコール，*p*-ク

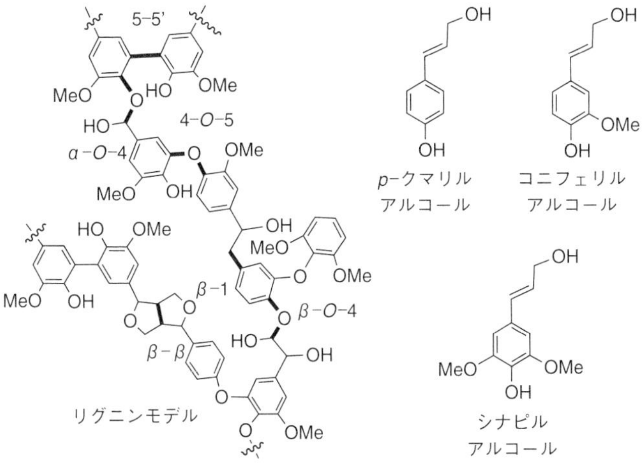

図 2.36 リグニンのモデル構造と主たる分解生成物 [92]

マリルアルコール，コニフェリルアルコール，シナピルアルコール
になる．このため，リグニンの酸化的解重合が試みられているもの
の，現時点では断片としてフェノール誘導体を得た段階に留まって
いる [92]．Rogers らがイオン液体を溶媒に使用する酸化的リグニ
ン解重合の総説を報告しており [93]，Saito らも同じテーマで総説
[94] を報告しているので参考にされたい．

　最近，リグニンを素材に Liu らが興味深い反応を報告した（図 2.37）
[95]．リグニンにアニソールと二酸化炭素と水素を $Ru_3(CO)_{12}$,
RhI_3 触媒に LiI, $LiBF_4$ を加えて［C_4mim］Cl 中，180℃ で 12 時間反
応させると酢酸とフェノールが生成し，リグニン（脱アルカリ）1
g から酢酸 0.17 g を得ることに成功している [95]．反応効率はさ
ほどではないが，バイオマスから酢酸への直接化学変換を達成した
点で注目される．

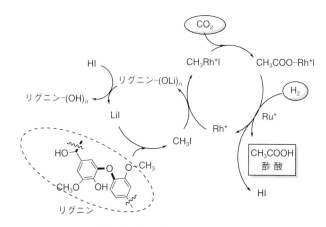

Ru*：[Ru(CO)$_x$I$_3$]$^{3-}$, [Ru(CO)$_y$I$_2$Li]$^+$ $x = 1〜3, y = 1〜4$
Rh*：{[C$_4$mim]I–RhI$_3$・(CO)・[C$_4$mim]}$^+$ または
　　{[C$_4$mim]Cl・[C$_4$mim]Cl・RhI$_3$・(CO)・[C$_4$mim]}$^+$

図2.37　イオン液体を使うリグニンとCO_2からの酢酸合成（推定機構）［95］

参考文献

［1］A. K. Burrell, R. E. Del Sesto, *et al,*, *Green Chem.*, **9**, 449（2007）.

［2］S. Zhang, K. Dokko, M. Watanabe, *Chem. Sci.*, **6**, 3684（2015）.

［3］X. Xie, L. Li, X. Wu, C. Ma, J. Zhang, *Heterocyles*, **92**, 1171（2016）.

［4］N. L. Mai, K. Ahn, Y-M. Koo, *Process Biochem.*, **49**, 872（2014）.

［5］K. Ohira, T. Itoh, *et al.*, *ChemSusChem.*, **5**, 388（2012）.

［6］T. Nokami, T. Itoh, *et al.*, *Org. Process Res. Dev.*, **18**, 1367（2014）.

［7］J. G. Huddleston, R. D. Rogers, *et al.*, *Green Chem.*, **3**, 156（2001）.

［8］C. Reichardt, *Chem. Rev.*, **94**, 2319（1994）.

［9］S. Park, R. J. Kazlauskas, *J. Org. Chem.*, **66**, 8395（2001）.

［10］J. A. Boon, J. A. Levisky, J. L. Pflug, J. S. Wilkes, *J. Org. Chem.*, **51**, 480（1986）.

［11］A. L. Monteiro, F. K. Zinn, R. F. de Souza, J. Dupont, *Tetrahedron：Asymmetry,* **8**, 177（1997）.

［12］A. J. Carmichael, K. R. Seddon, *et al.*, *Org. Lett.*, **1**, 997（1999）.

［13］W. A. Herrmann, V. P. W. Bölm, *J. Organomet. Chem.,* **572**, 141（1999）.

［14］Y. Hamashima, H. Takano, D. Hotta, M. Sodeoka, *Org. Lett.*, **5**, 3225（2003）.

［15］N. Audic, H. Clavier, M. Mauduit, J-C. Guillemin, *J. Am. Chem. Soc.*, **125**, 9248（2003）.

［16］S. Doherty, P. Goodrich, C. Hardacre, V. Parvulescu, C. Paun, *Adv. Synth. Catal.*, **350**, 295（2008）.

［17］C. Baleizao, B. Gigante, H. Garcia, A. Corma, *Tetrahedron Lett.*, **44**, 6813（2003）.

［18］C. Li, J. Zhao, R. Tan, Z. Peng, R. Luo, M. Peng, D. Yin, *Catal. Comm.*, **15**, 27（2011）.

［19］S. Koguchi, A. Mihoya, M. Mimura, *Tetrahedron*, **72**, 7633（2016）.

［20］R. P. Swatloski, S. K. Spear, J. D. Holbrey, R. D. Rogers, *J. Am. Chem. Soc.*, **124**, 4974（2002）.

［21］R. Kakuchi, K. Takahashi, *et al.*, *RSC Adv.*, **5**, 72071（2015）.

［22］T. Takeshita, T. Itoh, *et al.*, *Aust. J. Chem.*, **72**, 61（2019）.

［23］D. W. Kim, C. E. Song, D. Y. Chi, *J. Am. Chem. Soc.*, **124**, 10278（2002）.

［24］A. Taber, K. C. Lee, H. J. Han, D. W. Kim, *Org. Lett.*, **19**, 3342（2017）.

［25］H. Ohara, H. Kiyokane, T. Itoh, *Tetrahedron Lett.*, **43**, 3041（2002）.

［26］D. W. Kim, Y. S. Choe, D. Y. Chi, *Nucl. Med. Biol.*, **30**, 345（2003）.

［27］M. Yamagata, N. Tachikawa, Y. Katayama, T. Miura, *Electrochim. Acta*, **52**, 3317（2007）.

［28］S.-g. Lee, C. E. Song, *et al.*, *Chem. Comm.*, 4683（2007）.

［29］J. W. Lee, S.-g. Lee, *et al.*, *Acc. Chem. Res.*, **43**, 985（2010）.

［30］R. R. Deshmukh, J. W. Lee, U. S. Shin, J. Y. Lee, C. E. Song, *Angew. Chem. Int. Ed.*, **47**, 8615（2008）.

［31］M. Fujiwara, T. Itoh, *et al.*, *Adv. Synth. Catal.*, **351**, 123（2009）.

［32］S. Sowmiah, V. Srinivasadesikan, M-C. Tseng, Y-H. Chu, *Molecules*, **14**, 3780（2009）.

［33］T. Ramnial, D. D. Ino, J. A. C. Clyburne, *Chem. Comm.*, 325（2005）.

［34］（a）T. Itoh, K. Kude, S. Hayase, M. Kawatsura, *Tetrahedron Lett.*, **48**, 7774（2007）；（b）K. Kude, S. Hayase, M. Kawatsura, T. Itoh, *Heteroatom Chem.*, **22**, 397（2011）.

［35］T. Nagano, T. Hayashi, *Org. Lett.*, **7**, 491（2005）.

［36］R. Rinaldi, *Chem. Comm.*, **47**, 511（2011）.

［37］Y. Dong, T. Takeshita, H. Miyafuji, T. Nokami, T. Itoh, *Bull. Chem. Soc. Jpn.*, **91**, 398（2018）.

［38］A. C. Cole, J. H. Davis, Jr, *et al.*, *J. Am. Chem. Soc.*, **124**, 5962（2002）.

［39］S. Luo, X. Mi, L. Zhang, S. Liu, H. Xu, J.-P. Cheng, *Angew. Chem. Int. Ed.*, **45**, 3093（2006）.

[40] C. M. R. Volla, I. Atodiresei, M. Rueping, *Chem. Rev.*, **114**, 2390 (2014).

[41] T. L. Amyes, S. T. Diver, J. P. Richard, F. M. Rivas, K. Toth, *J. Am. Chem. Soc.*, **126**, 4366 (2004).

[42] A. Sarkar, S. R. Roy, N. Parikh, A. K. Chakraborti, *J. Org. Chem.*, **76**, 7132 (2011).

[43] G. A. Grasa, R. M. Kissling, S. P. Nolan, *Org. Lett.*, **4**, 3583 (2002).

[44] A. Obregón-Zúniga, M. Milán, E. Juaristi, *Org. Lett.*, **19**, 1108 (2017).

[45] K. I, H. Choudhary, R. D. Rogers, *Curr. Opin. Green Sus. Chem.*, **11**, 15 (2018).

[46] M. Varyani, P. K. Khatri, S. L. Jain, *Tetrahedron Lett.*, **57**, 723 (2016).

[47] H. Hagiwara, Y. Shimizu, *et al.*, *Tetrahedron Lett.*, **42**, 4349 (2001) ; H. Hagiwara, T. Kuroda, *et al.*, *Adv. Synth. Catal.*, **352**, 909 (2010).

[48] C. P. Mehnert, R. A. Cook, N. C. Dispenziere, M. Afeworki, *J. Am. Chem. Soc.*, **124**, 12932 (2002).

[49] A. Riisager, P. Wasserscheid, *et al.*, *Angew. Chem. Int. Ed.*, **44**, 815 (2005).

[50] M. Kusche, P. Wasserscheid, *et al.*, *Angew. Chem. Int. Ed.*, **52**, 5028 (2013).

[51] M. Abai, M. P. Atkins, *et al. Dalton Trans.*, **44**, 8617 (2015).

[52] E. R. Cooper, C. D. Andrews, P. S. Wheatley, P. B. Webb, P. Wormald, R. E. Morris, *Nature*, **430**, 1012 (2004).

[53] P. Li, F-F. Cheng, W-W. Xiong, Q. Zhang, *Inorg. Chem. Front.*, **5**, 2693 (2018).

[54] L. Peng, J. Zhang, J. Li, B. Han, Z. Xue, G. Yang, *Chem. Comm.*, **48**, 8688 (2012).

[55] W. Shang, X. Kang, H. Ning, J. Zhang, X. Zhang, Z. Wu, G. Mo, X. Xing, B. Han, *Langmuir*, **29**, 13168 (2013).

[56] Z. Xu, G. Zhao, L. Ullah, M. Wang, A. Wang, Y. Zhang, S. Zhang, *RSC Adv.*, **8**, 10009 (2018).

[57] K. Faber, "Biotransformations in Organic Chemistry, A Textbook, 6th Ed.", Springer (2011).

[58] T. Itoh, *Chem. Rev.*, **117**, 10567 (2017).

[59] T. Itoh, E. Akasaki, K. Kudo, S. Shirakami, *Chem. Lett.*, 262 (2001).

[60] T. Itoh, E. Akasaki, Y. Nishimura, *Chem. Lett.*, 154 (2002).

[61] T. Itoh, Y. Nishimura, N. Ouchi, S. Hayase, *J. Mol. Catal. B:Enzym.*, **26**, 41 (2003).

[62] T. Itoh, K. Kuroda, M. Tomosada, Y. Takagi, *J. Org. Chem.*, **56**, 797 (1990).

[63] N. M. T. Loureno, C. A. M. Afonso, *Angew. Chem. Int. Ed.*, **46**, 8178 (2007).

[64] P. Lozano, J. M. Bernal, G. Sánchez-Gómez, G. López-López, M. Vaultier, *Energy Environ. Sci.*, **6**, 1328 (2013).

[65] S. H. Lee, S. H. Ha, M. H. Nguyen, W-J. Chang, Y-M. Koo, *J. Biotechnol.*, **133**, 486 (2008).

［66］ J. Howarth, P. James, J. Dai, *Tetrahedron Lett.*, **42**, 7517（2001）.

［67］ P. Vitale, V. M. Abbinante, F. M. Perna, A. Salomone, C. Cardellicchio, V. Capriati, *Adv. Synth. Catal.*, **359**, 1049（2017）.

［68］ T. Matsuda, T. Harada, N. Nakajima, T. Itoh, K. Nakamura, *J. Org. Chem.*, **65**, 157（2000）.

［69］ T. Matsuda, Y. Yamagishi, S. Koguchi, N. Iwai, T. Kitazume, *Tetrahedron Lett.*, **47**, 4619（2006）.

［70］ T. Tanaka, N. Iwai, T. Matsuda, T. Kitazume, *J. Mol. Catal. B : Enzym.*, **57**, 317（2009）.

［71］ H. Yoshida, *J. Chem. Soc.,Trans.*, **43**, 472（1883）.

［72］ Z. Armstrong, K. Mewis, C. Strachan, S. J. Hallam, *Curr. Opin. Chem. Biol.*, **29**, 18（2015）.

［73］ A. C. Franzoi, P. Migowski, J. Dupont, I. C. Vieira, *Anal. Chim. Acta*, **639**, 90（2009）.

［74］ M. Azimi, N. Nafissi-Varcheh, M. Mogharabi, M. A. Faramarzi, R. Aboofazeli, *J. Mol. Catal. B : Enzym.*, **126**, 69（2016）.

［75］ T. Itoh, S-H. Han, Y. Matsushita, S. Hayase, *Green Chem.*, **6**, 437（2004）；T. Itoh, Y. Matsushita, Y. Abe, S-H. Han, S. Wada, S. Hayase, M. Kawatsura, S. Takai, M. Morimoto, Y. Hirose, *Chem. Eur. J.*, **12**, 9228（2006）.

［76］ （a）Y. Abe, T. Itoh, *et al.*, *Adv. Synth. Catal.*, **350**, 1954（2008）；（b）Y. Matsubara, T. Itoh, *et al.*, *Biotechnol. J.*, **10**, 1944（2015）；（c）K. Yoshiyama, Y. Abe, S. Hayse, T. Nokami, T. Itoh, *Chem. Lett.*, **42**, 663（2013）；（d）S. Kadotani, T. Itoh, *et al.*, *ACS Sus. Chem. Eng.*, **5**, 8541（2017）；（e）T. Nishihara, A. Shiomi, S. Kadotani, T. Nokami, T. Itoh, *Green Chem.*, **19**, 5250（2017）；（f）S. Kadotani, T. Nokami, T. Itoh, *Tetrahedron*, **75**, 441（2019）.

［77］ （a）Y. Abe, K. Yoshiyama, Y. Yagi, S. Hayase, M. Kawatsura, T. Itoh, *Green Chem.*, **12**, 1976（2010）；（b）Y. Abe, Y. Yagi, S. Hayase, M. Kawatsura, T. Itoh, *Indust. Eng. Chem. Res.*, **51**, 9952（2012）

［78］ （a）O. Pámies, J-E. Bäckvall, *Trend. Biotechnol.*, **22**, 130（2004）；（b）H. Pellissier, *Tetrahedron*, **64**, 1563（2008）；（c）G. Cheng, B. Xia, Q. Wu, X. Lin, *RSC Adv.*, **3**, 9820（2013）.

［79］ M-J. Kim, H.M. Kim, D. Kim, Y. Ahn, J. Park, *Green Chem.*, **6**, 471（2004）.

［80］ H. J. Kim, Y. K. Choi, J. Lee, E. Lee, J. Park, M-J. Kim, *Angew. Chem. Int. Ed.*, **50**, 10944（2011）；C. Kim, J. Lee, J. Choi, Y. Oh, Y. K. Choi, E. Choi, J. Park, M-J. Kim, *J. Org. Chem.*, **78**, 2571（2013）；E. Lee, Y. Oh, Y. K. Choi, M-J. Kim, *ACS Catal.*, **4**,

3590 (2014).

[81] (a) A. Kamimura, S. Yamamoto, *Org. Lett.*, **9**, 2533 (2007)；(b) A. Kamimura, Y. Oishi, K. Kaiso, T. Sugimoto, K. Kashiwagi, *ChemSusChem*, **1**, 82 (2008).

[82] A. Mouawia, I. Dez, *et al.*, *ACS Sus. Chem. Eng.*, **5**, 696 (2017).

[83] H. Wang, Z. Li, Y. Liu, X. Zhang, S. Zhang, *Green Chem.*, **11**, 1568 (2009).

[84] (a) Q. F. Yue, C. X. Wang, L. N. Zhang, Y. Ni, Y. X. Jin, *Polym. Degrad. Stab.*, **96**, 399 (2013)；(b) Q. F. Yue, L F. Xiao, M. L. Zhang, X. F. Bai, *Polymers (Basel)*, **5**, 1258 (2013).

[85] A. M. Al-Sabagh, F. Z. Yehia, Gh. Eshaq. A. E. ElMetwally, *Ind. Eng. Chem. Res.*, **54**, 12474 (2015).

[86] M. Liu, J. Guo, Y. Gu, J. Gao, F. Liu, *ACS Sus. Chem. Eng.*, **6**, 15127 (2018).

[87] E. Sert, E. Yilmaz, F. S. Atalay, *J. Polym. Environ.*, **27**, 2956 (2019).

[88] H. Zhao, J. E. Holladay, H. Brown, Z. C. Zhang, *Science*, **316**, 1597 (2007).

[89] Y. Zhang, H. Du, X. Qian, E, Y.-X. Chen, *Energ. Fuel.*, **24**, 2410 (2010).

[90] J. B. Binder, R. T. Raines, *J. Am. Chem. Soc.*, **131**, 1979 (2009).

[91] (a) F. Tao, H. Song, L. Chou, *Bioresour. Technol.*, **102**, 9000 (2011)；(b) F. Tao, H. Song, L. Chou, *J. Mol. Catl. A：Chem.*, **357**, 11 (2012).

[92] P. Azadi, O. R. Inderwildi, R. Farnood, D. A. King, *Renew. Sust. Energ. Rev.*, **21**, 506 (2013).

[93] G. Chatel, R. D. Rogers, *ACS Sus. Chem. Eng.*, **2**, 322 (2014).

[94] J. Dai, A. F. Patti, K. Saito, *Tetrahedron Lett.*, **57**, 4945 (2016).

[95] H. Wang, Y. Zhao, Z. Ke, B. Yu, R. Li, Y. Wu, Z. Wang, J. Han, Z. Liu, *Chem. Comm.*, **55**, 3069 (2019).

第3章

イオン液体で何ができるか？

3.1　機能付与の方法論

　イオン液体はカチオンとアニオンからなるため，これら構成イオンの構造を変えることにより，塩としての物性は当然のことながら，それ以外の物理化学的な特性も変えることができる．さらにはさまざまな機能席（相互作用する官能基や触媒活性をもつ構造など）を導入することにより，機能をもったイオン液体を得ることもできる．

　イオン液体が本来有している特性，たとえば低い蒸気圧，それに由来する高い引火点などを損なうことなく，さらにさまざまな機能を付与することができれば，安全で高機能の有機液体として応用分野が格段に広がることはいうまでもない．イオン液体を構成するのは有機イオンである場合が多いため，一般的な有機合成化学の手法を使ってイオン構造に機能席を導入することは容易である．しかし，第1章のイオン液体の基礎で述べたように，通常の無機塩よりもはるかに低い融点はイオン液体を構成する比較的大きなイオン構造に由来するため，イオンの構造を変えることは基本的な特性にも影響を及ぼす．さらにイオンや分子間で相互作用することが多くの機能の発現につながるため，機能席の導入は構成イオン間の相互作用を強めることになり，結果として融点の著しい上昇，粘度の増大

などをひき起こし，液体の塩ではなくなってしまうことも多い．したがって，イオン構造を改変して機能を付与する場合は，式量の増大やイオン間の相互作用の変化について注意深く考慮する必要がある．

3.1.1　親疎水性の制御

　イオン液体は塩の性質をもつ液体である．したがって基本的には吸湿性，すなわち水と混ざりやすく親水性である．初期のイオン液体研究では，同一の構造式のイオン液体であってもその物性，たとえば粘度や極性が論文によって異なることが散見された．これらの差異はおもにイオン液体の純度に起因するもので，不純物の混入が物性を変化させたためであった．多くの場合不純物は水であり，イオンに水分子が強固に結合しているので通常の乾燥操作では水を完全には除けず，本来の物性が変わってしまったのである．無機塩と異なり，イオン液体はおもに有機イオンから構成されているため，なかにはある程度以上の水とは結合しない疎水性のイオン液体も多い．疎水性のカチオンとアニオンを組み合わせると水と混ざらず2層に分離してしまう．しかし，疎水性のイオン液体であっても1〜5% 程度の水を含んでいるので，水をまったく含まない完全に疎水性のイオン液体をつくることは難しい．

　イオン液体の親疎水性は構成イオンの疎水性の程度で決まる．たとえば，芳香環や長鎖アルキル基，さらにはペルフルオロアルキル基をもつイオンは疎水性である．アルキル鎖を伸ばすほど疎水性は大きくなる．しかし，アルキル鎖が長くなると界面活性剤としての性質が出てくるため，水がなくともミセル構造や液晶構造を形成し，均一溶液とは異なる性質を示すようになる．また，カチオンについては，アンモニウムカチオンとホスホニウムカチオンとでは疎

水性の程度が異なることがわかっており，後者のほうが炭素数2個
分（$-CH_2CH_2-$）程度，疎水性が大きい．特定の規則構造をもっ
たイオン液体は，別の視点からとても興味深いが，ここでは省略す
るので関連する総説［1］などを参照されたい．

3.1.2 極性の制御

イオン液体はイオンのみから構成されていることから，極性がと
ても高いと考えられがちであるが，一般のイオン液体の極性はそれ
ほど高くなく，エチルアルコールやブチルアルコール程度である．
極性の表示方法は誘電率や双極子モーメントなどいくつかあるが，
イオン液体では水素結合の強さで表すことがある．水素結合供与性
と水素結合受容性の2つは，さまざまな物質を溶かすときの分析や
予測に役に立つ．たとえば，ヒドロキシ基やアミノ基（$-NH_2$）な
ど活性プロトンを有する（水素結合供与性基をもつ）分子を溶解さ
せるためには，水素結合受容性の大きなイオン液体が有用となる．
これは難溶性物質の溶解にも有効である．たとえば，セルロースは
鎖上に多くのヒドロキシ基を有していることから，分子間水素結合
を形成し，剛直な集合体となっている．そのため，セルロースを溶
解できる溶媒は限られているが，水素結合受容性の大きなイオン液
体は分子間水素結合を壊すことによりセルロースを溶かすことがで
きると考えられる．実際に水素結合受容性の高いイオン液体の設計
指針に基づき，室温でセルロースを溶解できるイオン液体が提案さ
れている［2］．イオン液体の水素結合受容性を高めるには，構成ア
ニオンの選択が重要で，カルボキシル基や亜リン酸残基などを有す
るアニオンを使うとよいこともわかっている．

━ コラム 7 ━

イオン液体の極性

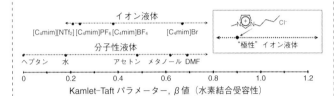

図　極性を示すパラメーターとして水素結合受容性（β値）を用い
たときの種々の液体の極性比較［深谷幸信，大野弘幸，真空，
56, 98（2013）］

　イオン液体はイオンだけから構成されているが，一般のイオン液体
はそれほど極性が高いものではないことがわかる．イオン液体の極性
評価はいくつか報告があるが，色素のソルバトクロミズムを用いた測
定［1］結果を紹介する．ここで高極性イオン液体として示されている
塩化物塩は，室温では固体であるが，100℃以下に融点を有するので
イオン液体として扱っている．アニオンとしてカルボン酸を含むイオ
ン液体の多くは水素結合受容性（β値）が1.0を超え，しかも室温で
液体であるため高極性イオン液体として有用である［2］．多くのイオ
ン液体の極性値などはXuらがまとめている［3］ので参考にされたい．

［1］C. Reichardt, *Green Chem.*, **7**, 339（2005）.

［2］H. Ohno, Y. Fukaya, *Chem. Lett.*, **38**, 2（2009）.

［3］J. Xu, S. Zhang, *et al.*, "Production of Biofuels and Chemicals with
Ionic Liquids". Z. Fang, R. L. Smith, Jr., *et al*. Ed., Chapter 1,
Springer（2013）.

3.1.3 熱的性質の制御

イオン液体は塩であり，構成アニオンとカチオンは熱運動をしており，自由度があるものの静電相互作用力で互いに束縛しているため，粘度が高く蒸気圧はきわめて低い．したがって，通常の有機液体と比較して耐熱性が高いことは利点であるが，蒸留できないことが精製の観点などから大きな欠点となっている．通常のイオン液体は耐熱性があるといっても 200～300℃ を超えると徐々に分解し，蒸気圧を示すようになる．耐熱性の高いイオン液体であれば，高真

コラム 8

蒸留できるイオン液体のつくり方

特殊な例として，蒸留できるイオン液体が報告されている．一つは高真空状態で加熱して蒸留させる方法で，熱安定性の高い [NTf$_2$] 塩などが真空蒸留できるという [1]．もう一つの方法は，酸・塩基と塩の間の平衡反応を利用するものである．第三級アミンと有機酸を等モル混合（中和）して得られる塩のなかには融点の低いものがあるが，これらも塩と酸・塩基の平衡状態にある（下式）．塩は蒸気圧がきわめて低いものの，酸と塩基は蒸気圧があるため，一時的にでも酸と塩基の状態（下式，中央）になれば独立した分子として扱える．蒸気圧が発生するのであれば蒸留することができ，回収後はふたたびイオン液体として得られる [2]．

$$A^- HNR_3^+ \ \rightleftharpoons \ AH \ + \ NR_3 \ \longrightarrow \ A^- HNR_3^+$$

イオン液体　　　　蒸気圧をもつ有機物　　　イオン液体

[蒸留できる]

[1] M. J. Earle, K. R. Seddon, *et al.*, *Nature*, **439**, 831 (2006).
[2] D. R. MacFarlane, J. M. Pringle, *et al.*, *Chem. Comm.*, 1905 (2006).

空で蒸留した報告がある［3］.

　耐熱性はイオンの構造に依存するため，すべてのイオン液体が優れた耐熱性を有しているとはかぎらない．エーテル結合など熱で切

コラム 9

高等学校化学におけるイオン液体を用いた
実験教材の可能性

　イオン液体は室温で溶融塩になるほか，特徴的な性質を有しているため，高校生にとって非常に興味深い題材になりうる．高等学校化学の実験教材への開発・研究の視点から，次のような可能性がある［1］.

　　①高等学校化学の実験教材として，イオン液体を理解し，設計するための基礎的探究

　　②イオン液体を利用し，生徒の化学への興味・関心を高める実験教材の開発

　　③実験教材のマイクロスケール化が可能であり，「総合的な学習の時間」に活用できる教材の開発

(1) 学生実験に適したイオン液体の検討

　イオン液体を構成するイオンの組合せは無限といっても過言ではない．ここでは，イオン液体研究でよく用いられているエチルメチルイミダゾリウム塩に注目し，安全性，利便性，経済性などを兼ね備え，学生実験に適したアニオン種の探索を行うことができる．なお，合成法は大野らの中和法［2］を用いるのが簡単である.

(2) イオン液体を利用した実験教材の開発

① 物質の三態と結晶構造の学習への利用

　これまで物質の三態やイオン結晶構造の学習に際し，たとえば塩化ナトリウムのような無機塩を融解しようとしても，800℃以上の加熱が必要であるため，

断されやすい構造を有するイオンからなるイオン液体は，その部分
から熱分解されて揮発性成分が発生するため，耐熱性は高くはな
い．一般に構造が複雑になればそれだけ熱分解される箇所が増える

実験を安全に進めることは困難である．塩化物塩系イオン液体を用いれば，室
温では固体であるが穏やかに加熱するだけで溶融するため，安全でわかりやす
い実験が可能となる．

②　電気伝導性実験

一般に，物質の性質と結合の学習のなかで，イオン結晶の電気伝導性につい
ては，「固体では伝導性なし，液体ではあり」と教えることが多い．しかし，
無機塩の融解には数百℃の加熱が必要であり，高等学校においてイオン結晶
の溶融状態での電気伝導性について，実験を通して理解させるのは安全上困難
であった．イオン液体を用いれば液体塩の電気伝導性を実感できるようにな
り，簡便でしかも安全な演示実験となる．

(3) イオン液体を用いたマイクロスケール実験の構築

イオン液体は，「総合的な学習の時間」における環境分野の題材としても活
用できる．また，上述（2）で開発した実験教材をマイクロスケール化するこ
とによって，誰もが安全に取り組める教材の開発も期待できる．

イオン液体を高校化学教育に取り入れ，生徒の化学への興味・関心を高めよ
うとする試みは非常に少ない．イオン液体の特徴を利用し，生徒の自主的・自
発的な探究活動を促す一連の実験教材および指導計画を構築すれば，授業だけ
でなく，科学部や化学部などのクラブ活動における探究活動にも応用できる．
イオン液体は，生徒のさらなる探究心を駆り立てる魅力的な実験教材である．

[1] 高木由美子, 電気化学, **79**, 40 (2011).

[2] M. Hirao, H. Sugimoto, H. Ohno, *J. Electrochem. Soc.*, **147**, 4168 (2000).

（東京都立荒川工業高等学校　主任教諭　中井良和）

ので，耐熱性は悪くなる．

　一方，融点は構成イオン間にはたらく作用力に大きく影響されるため，構成成分に大きなイオンを使えば表面電化密度が下がり，静電相互作用力が弱まるので，塩の融点は下げることができる．第 1 章で紹介したように，比較的大きなイオンからなる塩の融点は低いことになる．しかし，イオンが大きくなりすぎると，イオンというよりも分子の性質のほうが顕著になるため，融点は再度上昇する．そのため，融点が最も低くなるのに適したイオンの大きさが存在する．

　イオン液体は液体であるが，イオン間の静電的な相互作用は他の相互作用力に比較してとても強いため，互いを束縛するために蒸気圧がきわめて低いことを述べたが，同じ理由で粘度も高い．一般的なイオン液体の粘度は水に比べて 100 倍から 10,000 倍も大きい．しかし，電解質溶液の代替物としての展開を考えると，融点が低く，極性が高く，しかも粘度が低いイオン液体を望む声は（とくに産業界から）多いが，これらをすべて満足することは物理化学的にはとても難しい．

　一方，イオン液体に少量の溶媒を添加すると粘度が大きく低下することも知られている．極性有機溶媒の添加は電解質溶液の代替物の設計に利用されている．水を添加した場合は，すべての水分子はイオンと強く結合し束縛されているので，0℃ でも凍らず，100℃ でも蒸発しない．使用する際には，水分子の共存が影響を与えない場合に限られることはいうまでもないが，イオン液体のいくつかの機能を保持したまま低粘度化させるうえで，少量の水を加えることはとても有用である．イオン液体に少量の水を加えた系は，水和イオン液体としてバイオサイエンス分野でも注目されているので，後述する．

3.2　溶 か す

3.2.1　ガス吸収剤

　イオン液体のなかには特定のガス分子をよく溶解させるものがある．多くのイオン液体に共通するのは，さまざまなガス分子のなかでも，二酸化炭素がよく溶解することである［4］．さらに，アミノ基を有するイオンを用いてイオン液体を作製すると，二酸化炭素を共有結合でイオンに固定させることができ，溶解量をさらに増大できるという報告もある［5］．将来，二酸化炭素の固定や輸送などにイオン液体が重要な役割を担う可能性がある．また，石油精製においても硫黄酸化物（SO_x）や窒素酸化物（NO_x）などを除去するのにイオン液体が有効である．

　穏和な条件で窒素からアンモニアを合成できれば，社会や産業が大きく変わる．イオン液体中で窒素ガスからアンモニアを合成する試みがある．MacFarlane らは窒素ガス溶解能が比較的高いイオン液体を用い，鉄触媒存在下で常温・常圧で窒素の電気化学的な還元を可能にした［6］．ここでは窒素分子とアニオンの相互作用が重要な役割を果たしているという．このように，適切な触媒の開発と，窒素との相互作用を適切にデザインしたアニオンを有するイオン液体の組合せで，植物のように穏和な条件で窒素の還元反応を進めることが近い将来にできるようになるものと期待される．これらの研究以外にも，イオン液体中でアンモニアを合成する試みは近年増えてきている．

3.2.2　乾 燥 剤

　イオン液体のなかには水溶性が高く吸湿性の高いものがある．この水蒸気を吸収する性質を利用して乾燥剤や除湿剤などの利用が考

えられるが，空調機をつくることはできないだろうか？

　近年，液式調湿空調機が省エネ空調機として注目されるように
なった．Feyecon らは，コリンをカチオンにもつイオン液体 [Ch]-
[NTf$_2$] あるいは [Ch][L–Lac] を使用して天然ガスの湿気を取る
アイデアを 2010 年に報告した [7]．ついで，Luo らは，[C$_2$mim]-
BF$_4$ の 83.2% 水溶液が臭化リチウム（LiBr）の 45% 水溶液に匹敵
する調湿材になることを報告し [8]，調湿速度は塩化リチウム
（LiCl）＞ LiBr ＞ [C$_1$mim][OAc] ＞ [C$_2$mim]BF$_4$ の順番になること
を明らかにした [9]．

　伊藤らは，アニオンをメチル硫酸アニオンとジメチルリン酸アニ
オンに固定し，系統的に 18 種のイオン液体を合成して空調機の調
湿材としての機能を評価した．その結果，優れた調湿機能をもち，
臭気もなく，金属腐食性が低いイオン液体をいくつか見出した．そ
のうちの一種である [P$_{1,4,4,4}$][DMPO$_4$]はきわめて高い吸湿性を示し
た．このイオン液体は高粘性のため単独では調湿材として使用でき
なかったが，77% 水溶液にすると循環使用可能な粘度になり，LiCl
30% 水溶液を大きく凌駕する調湿性を示すことを明らかにした（図
3.1）[10]．

　イオン液体を調湿材に用いる空調機の動作原理を図 3.2 に示す．
冷却したイオン液体「冷イオン液体（ドライ）」を外気と接触させ
ると，外気の湿気がイオン液体に吸収されると同時に外気が冷却さ
れる．生じた「ドライ冷気」を室内に導入すれば室内の冷房と除湿
が同時に実現する（図左側）．湿気を吸収した「イオン液体（ウ
エット）」はヒートポンプを介して加温して「温イオン液体（ウ
エット）」とし，導入外気（あるいは室内の温空気）にさらすこと
で湿気を外気あるいは室内の温空気に移してウエット温風として排
気する（図右側）．水分含量が減少した「イオン液体（ドライ）」は

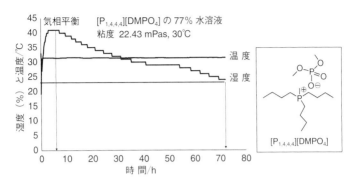

図 3.1　[P₁,₄,₄,₄][DMPO₄]水溶液による吸湿実験 [10]

湿度 40% の空気が 70 時間後に湿度 24% まで低下し，調湿材として機能している．同条件で LiCl 30% 水溶液と比較して 6 倍の吸湿性，吸湿速度 18 倍，金属腐食性は低かった．[P₁,₄,₄,₄][DMPO₄] の 77% 水溶液が湿気を吸収し調湿材として機能した．

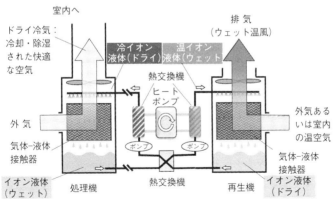

図 3.2　イオン液体空調機の動作原理 [10]

熱交換器で冷却することで「冷イオン液体（ドライ）」となり，このサイクルを繰り返す．この装置では換気しつつドライ冷気を発生させることができ，また，運転時の低温廃熱を利用して室内を加温しつつ加湿することもできるため，冬季は加湿器不要の暖房空調機として機能する．

　液式調湿空調機は，ドレーンや結露を生じないため，現在のコンプレッサー式エアコンのようにカビやアメーバが増殖することがなく，換気しつつ除湿できるという大きな特長をもつ．金属腐食性が低いイオン液体を使用すれば，内部配管に特殊な金属を使用する必要がなくなり，運転安全性が向上するとともに製造コストを大きく削減することができると期待される．イオン液体空調機は，現行のコンプレッサー式空調機の 80% 以下の低消費電力で運転できるという省エネ性能に加えて，換気しながら空調を行うという特徴があり，病院や高齢者介護施設，学校に適した空調機である．イオン液体空調機が普及し，全国の病院，学校，高齢者保養施設の空調機の多くがイオン液体空調機になれば，省エネ効果のみならず，新型コロナウイルスや肺結核などの集団感染を避けるためにも役立つはずである．

3.2.3　難溶性物質の溶解

　イオン液体のなかでもとくに極性の高いものは，さまざまな物質を溶解できることが知られている．とくにセルロースは植物バイオマスの主成分で，古くから繊維材料として使われてきたが，分解せずに穏和な条件で溶解させることは容易ではない．すでにいくつかのイオン液体についてセルロースの溶解度が測定されていたが，イオン液体の極性を色素の吸収波長のシフトから評価できるようになったので，極性とセルロースの溶解性を比較してみると，図 3.3

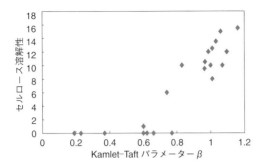

図 3.3　イオン液体の極性（β値）とセルロース溶解度の関係 ［A. Brandt, *et al., Green Chem.*, **5**, 550（2013）］

に示すように，水素結合受容性（横軸の β 値）が 0.6 を超えるようなイオン液体はセルロースを溶解する可能性が高いことがわかった［11］.

　イオン液体の水素結合受容性はおもにイオン液体を構成するアニオンに依存する場合が多く，Cl⁻ やカルボン酸イオン（R−COO⁻）などのアニオンを成分とするイオン液体は水素結合受容性が大きいので，セルロースを溶解できる可能性が高い．ただし，上述のように塩化物塩の融点は比較的高いので，常温で液体にすることは難しい．水雲らは Cl⁻ をアニオンとするイミダゾリウム塩で室温まで融点を下げることができたと報告している．彼らは，置換基としてアリル基に注目した［12］.［AAim］Cl の融点は 21.5℃ で，230℃ 程度までは分解しないと報告している．当然ながらこれは高極性なのでセルロースを溶解できる.

　バイオマスから選択的にセルロース類だけを溶解できれば，不溶物としてリグニン類が得られ，セルロース類だけを溶解したイオン液体溶液が単一操作で得られる．この溶液にセルロースの貧溶媒で

ある水やアルコールを加えると，セルロースが沈殿する．これを沪
別すれば，セルロースが白色の粉として得られる．また，沪液は加
熱すれば貧溶媒とイオン液体に分けることができ，再利用可能であ
る（図3.4）．こうして，バイオマスからセルロース類とリグニン
類を簡単に分けることができる [13]．

　一方，リグニンもバイオマスの主成分であるが，リグニンはヒド
ロキシ基を多数有する芳香族ポリマーで，多くの架橋構造を有して
いる．おもに植物の力学的な強度を担っており，架橋構造を切断せ
ずに溶解させることはできない．高温で処理すれば断片化ののち，
溶かすことができるが，熱処理による構造変化が原因で芳香族性も
失われることが多いので，できるだけ穏和な条件での分解，フラグ
メント化が望まれている．ここでも極性のイオン液体が有効で，

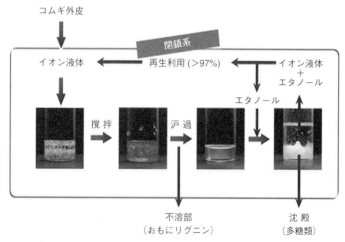

図 3.4　高極性イオン液体を用いてバイオマスからセルロースを分離するプロセス
（カラー図は口絵2参照）

80℃ 程度に加熱してリグニンの架橋構造を活性酸素などで切断すれば，溶かすことができる．また，極性イオン液体に少量の水を添加することにより，非架橋型のリグニンの溶解性が向上することも認められている [14]．

その後，圧倒的なバイオマス溶解能をもつ溶媒が報告された．[P$_{4,4,4,4}$]OH 水溶液は，40％ もの水を含んでいながら常温でセルロースを高濃度で溶解できることが報告され [15]，非架橋型のリグニ

時間経過

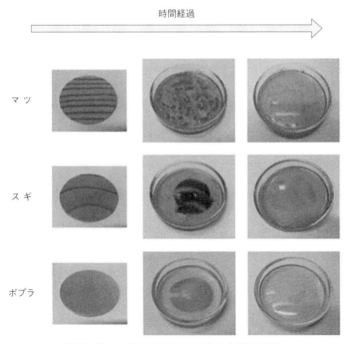

マ ツ

ス ギ

ポプラ

図 3.5　[P$_{4,4,4,4}$]OH 水溶液中の木片の非加熱可溶化
（カラー図は口絵 4 参照）

ンの溶解にも優れていることが報告された［16］．この液体に木片を入れておくだけでセルロースが溶け出し，ゲル状になったネットワーク状のリグニンが得られる（図3.5）［17］．溶解したセルロースや断片化リグニンは，大量の水を添加することにより沈殿し分離できる．沪過後，過剰の水を蒸発させればバイオマス溶解能力が回復するので，繰り返し利用できる［18］．

　水酸化物イオン（OH⁻）をどう取り扱うかで議論は分かれるものの，この溶液は一般的なイオン液体の範疇には含まれない．しかし，40％という大量の水を含んでいながらバイオマスを容易に溶解できる能力は魅力的である．バイオマスの主要成分をそれぞれ分離回収できれば，これらをもとにさまざまな化学物質をつくることができるようになる．セルロースからはエタノールなど，リグニンからはフェノール類似物質など，石油由来の化学物質に代わる原料になる可能性は十分に高い．製造コストは技術の進歩とともに低下するので，今後は脱石油化学の大きな候補になる．すでにイオン液体を溶媒として利用し，バイオマスから有用物質を産生する試みもなされている［19］．今後，イオン液体はバイオマス処理に多用されるものと期待される．

3.2.4　タンパク質の溶解

　タンパク質は一般に水（緩衝水溶液）以外には不溶である．リパーゼなど疎水性の強いものは有機溶媒中に溶解（分散）でき，逆反応を触媒することが知られている．極性の高いイオン液体はタンパク質を溶かすものもあるが，溶解したタンパク質は高次構造が大きく乱れて（変性して）しまい，機能は失われてしまう．したがって，タンパク質を未変性で溶解させることは，同じ天然物質であっても，セルロースのように高次構造を壊して溶解させることよりも

困難な課題といえよう.

　リパーゼはいち早くイオン液体中への溶解が検討され，いくつかのイオン液体に溶解し，かつ活性が保たれるという報告があるが，通常のタンパク質はイオン液体には溶解しない．これまで多くのタンパク質を水以外の溶媒に溶解させるために，タンパク質表面を化学修飾することが有用であることが報告されている．有名なのはポリエチレンオキシド（PEO，HO$($CH$_2$CH$_2$O$)_n$H），ポリエチレングリコールを共有結合で結び，タンパク質表面を覆う PEO 修飾法である．大野らはすでに，PEO 修飾シトクロム *c*（PEO-Cyt.*c*）が有機溶媒や PEO オリゴマーに可溶であることを報告している［20］．しかも PEO-Cyt.*c* は PEO オリゴマー中で長時間にわたって酸化還元活性を維持していた［21］．さらにこうして調製した PEO-Cyt.*c* はいくつかのイオン液体にも可溶であった［22］．しかし，PEO-Cyt.*c* は，通常のイオン液体において電気化学的酸化還元応答を示さなかった．この PEO-Cyt.*c* は，塩化物イオンを含むイオン液体中でのみ酸化還元応答を示した［23］．これはおそらく，酸化還元反応中に，グロビン部分に埋め込まれているヘム錯体まで出入りできる十分小さいアニオンが必要なためであると考えられる．しかしながら，塩化物塩は比較的融点が高いため，常温で液体のイオン液体にはならない．そこで，カチオン構造を工夫して低融点の塩の設計が行われた．その結果見出された塩が［AAim］Cl であり，室温で液体である［12］．このイオン液体に PEO-Cyt.*c* はよく溶解した．こうしてイオン液体中でタンパク質の機能化を進める研究例が増えていったが，PEO 修飾が必須である点が煩雑であった.

　そこで，非修飾（天然のまま）の Cyt.*c* をイオン液体に可溶化する試みがなされた［24］．非修飾 Cyt.*c* は室温ではこのイオン液体に溶解しなかったが，80℃ に加熱すると溶解した．次に，溶解し

た Cyt.*c* の耐熱性を分析すると，驚くべきことに Cyt.*c* はこのイオ
ン液体中で 140℃ まで酸化還元応答を示した [24]．水中ではあり
えない耐熱性であるが，ここで温度と分子運動について考察する必
要がある．大野らは PEO オリゴマー中の PEO 修飾ヘモグロビンの
酸化還元反応を 120℃ で追跡した [25]．温度は分子の動きを示す
ものであるため，高粘性な環境では同じ温度であっても分子運動は
はるかに穏やかである．PEO やイオン液体の分子（セグメント）
運動は，水分子の運動に比較し，はるかに穏やかである．したがっ
て，PEO やイオン液体中では 100℃ を超える温度であっても，分
子（セグメント）の運動（振動）が常温の水中のように穏やかであ
り，タンパク質の高次構造を壊すほどの分子の衝突がないため，
Cyt.*c* は変性せずに酸化還元活性を示したものと考えられる．この
温度と分子運動の関係が系の粘性に大きく依存することは，さまざ
まな系でイオン液体の機能化を進めるうえで考慮すべきことであ
る．

　Cyt.*c* を高極性イオン液体に溶かすことには成功したが，これら
のイオン液体は，他の多種類のタンパク質の溶解に対してはほとん
ど効果がなかった．そこで，タンパク質を安全に溶解するための新
しいイオン液体の探索が行われた．一般的にタンパク質の溶媒とし
て最もよく使われているのは水にリン酸塩などを加えた緩衝液であ
ろう．よく知られているように，純水はタンパク質にとっては良い
溶媒ではない．図3.6 に示すように純水に無機塩を加えるとタンパ
ク質の良い溶媒となるが，塩濃度をさらに高めると，タンパク質の
溶解性が落ちてきたり，変性してしまったりするため，高濃度塩溶
液はタンパク質を溶解できないだろうといわれていた．これまでの
無機塩を使った検討では，これ以上濃厚な塩水溶液は溶解度の制限
があり実証できていなかったが，イオン液体を使えば塩濃度を幅広

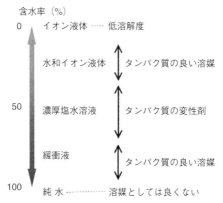

含水率（%）

0　イオン液体 …… 低溶解度

水和イオン液体　⇕　タンパク質の良い溶媒

50　濃厚塩水溶液　⇕　タンパク質の変性剤

緩衝液　⇕　タンパク質の良い溶媒

100　純 水 …………… 溶媒としては良くない

図 3.6　タンパク質の溶媒としての適応性と水溶液の塩濃度の関係

く変化させた塩水溶液をつくることができる．図 3.6 の上段に示すように，純粋なイオン液体はほとんどのタンパク質を溶かさない．溶けても変性してしまうが，これに少量の水を加えると，従来の予測に反し多くのタンパク質にとって良い溶媒になることが見出された［26］．

　イオン液体に少量の水を添加した状態では，すべての水はイオンに強く溶媒和（水和）しており，100℃ でも蒸発しない．イオン対1つあたり数分子の水が強力に結合しており，これ以下の水添加系では自由水はないものと考えられるため，水和イオン液体とよばれる．この水和したイオンからなるイオン液体のなかにタンパク質をよく溶解するものがいくつか見つかった．なかでもコリニウム–リン酸二水素（図 3.7）からなる水和イオン液体が良好な成績を示した［27］．

　詳細は他誌［28］に譲るが，多くのイオン液体のなかからアニオンの構造，極性などを考慮して，タンパク質を溶解できる水和イ

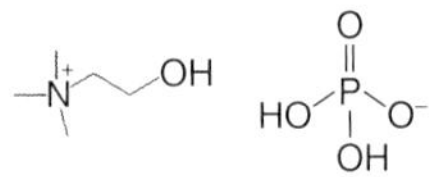

図3.7 コリニウム-リン酸二水素塩

オン液体が設計できるようになりつつある.

　さらに近年，この水和イオン液体中に熱変性したタンパク質を溶かすと，天然の高次構造に巻き戻されるという報告がなされた [29, 30]．藤田らはこのような機能をもった水和イオン液体を“液体シャペロン”とよんでいる．大腸菌を使ってタンパク質を大量産生させるときの問題点は，多くが変性したアグリゲートとして得られることである．これらを天然のタンパク質と同じ構造に戻すには，煩雑な手順が必要である．この水和イオン液体を使えば，変性アグリゲートを溶解させるだけで天然のタンパク質と同様の構造をもったものが得られるので，大腸菌を用いた種々のタンパク質の産生効率が飛躍的に改善されるかもしれない [30]．

3.3 運 ぶ

3.3.1 イオン伝導体

　イオン液体はイオンからなる液体なので，簡単にイオンを運ぶことができる．そのため，電解質溶液の代わりに使われることが考えられる．有機溶媒を使った系に比較して引火性がなく，安全性の高い電池が作製できると期待され，多くの研究がなされている.

　ではイオン液体のイオン伝導度はどの程度なのであろうか？　イオン伝導度は単位体積あたりのイオンの数とその移動度の積で表される．したがって，系中に多くのイオンがあってもそれらがゆっく

りと移動すればイオン伝導度は低い．イオン液体はイオンだけでできていても，構成イオンの式量（分子量に相当）が大きいため，意外とイオン数は多くない．しかも一般的な液体と比較すると粘度が高いので，結果としてイオン伝導度はそれほど高くはない．リチウムイオンはイオン半径がとても小さいので静電相互作用力が強いため，ほとんどすべてのリチウム塩は常温で固体である．しかし，アニオンの大きなリチウム塩にイオン液体を添加すると，液体（いわゆるイオン液体）が得られる．

　さて，リチウム塩を液体にすることができたが，このなかでリチウムイオンはどのくらい速く動けるのであろうか？　リチウム塩とイオン液体を混合した液体中には，アニオン種が同一の場合でも，2 種類のカチオンを含め 3 種類のイオンが共存している．そのなかでリチウムイオンは最も移動度が小さいことが知られている．それはリチウムカチオンのイオン半径が小さく，強い静電相互作用力で束縛されているためである．したがって，リチウムイオンだけを伝導させるためには材料の機能デザインが必要となる．今日までさまざまな試みがなされているが，リチウムイオンだけを伝導させるにはアニオン席を固定すること，すなわちポリアニオンを使い，対カチオンとしてリチウムイオンを組み合わせることが簡便な方法である．この系では，ガラス転移温度が低ければリチウムイオンの移動が観測される．一般的に高分子電解質（ポリカチオンやポリアニオンなど，電荷をもったモノマーを重合したもの）はガラス転移温度が高く，硬くてもろいことが知られているので，電荷密度が高い高分子でガラス転移温度を下げるのは容易ではなかった．しかし，イオン液体を高分子化すれば，ガラス転移温度をかなり低く保てる．これについては後述する．

　イオン伝導体としてのイオン液体に関する情報は成書 [31] な

どに詳しいので，そちらを参照されたい．

3.3.2 帯電防止剤

電子材料に使われている有機高分子には帯電防止が必須である．現在汎用されている高分子の帯電防止にはカーボンブラックなどの炭素混練りが主流であるが，帯電性が発現するために必要な添加量が数％と大きく，炭素の添加が高分子本来の力学物性などを損なうという問題がある．また，帯電しやすい高分子は極性が低いものが多く，帯電防止能が期待される物質の多くは極性物質であるため，両者の親和性が低く，混練りしてもブリードアウト（表面ににじみ出る現象）してしまう欠点があった．そのため少量の添加で帯電防止に寄与する物質の探索が続いているが，イオン液体がその候補になっている．鶴巻らは，ポリウレタン［32, 33］や，ポリメタクリレート［34］に対し，少量の添加で大きく帯電性を低減できるイオン液体を報告している．一例を図3.8に示す．わずか10ppmの添加で表面抵抗が1/200になり，100ppmの添加では1/10,000

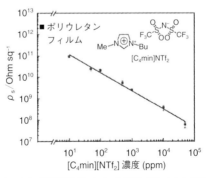

図3.8 ポリウレタンの表面抵抗（ρ_s）を低減するイオン液体の添加効果

まで改善される．高分子の表面抵抗は空気中の水分の付着などにより低下するが，抵抗値が安定しないので，少量の添加で大きな効果が得られる物質が望ましいという要望が強く，蒸気圧がほとんどないイオン液体が注目された．このとき，混合後のイオン液体と高分子の親和性が重要な因子となる．これについては上述の岩田，鶴巻らの先駆的な研究がある [32–34]．このほか，さまざまな帯電性高分子に対する検討が行われているが，詳細は略す．

3.3.3 電池，キャパシタ

イオンが移動することに伴い，反対方向に電子が移動することを利用したのが電池やキャパシタである．これらのデバイスは基本的には電極と電解質溶液から構成される．電解質材料中のイオンの移動のしやすさはイオン伝導度で表され，これがデバイスの応答速度を支配する．すなわちイオン伝導度の大きな電解質材料を用いれば，大出力化や短時間充電などが可能となる．3.3.1 項で述べたように，イオン伝導度は単位体積あたりのイオンの数とそれらの移動度の積で求められるので，多くのイオンが存在できるような極性の高い環境と，移動が容易になるような粘性の低い環境の両方が望まれる．一般的にこれらの要求項目を満たすのは水に代表される極性の大きな液体である．水に酸や塩を溶解させた電解質水溶液が長い間エネルギーデバイスの電解質材料として使われてきた．しかし，液体は扱いにくく，容器の密閉性なども考慮するため，小型軽量化に難があった [35]．

イオン液体も塩水溶液同様，液体としての短所を有している．しかし，水溶液などと異なり，溶媒がないため単位体積あたりのイオンの数が多いと期待される．しかし，イオン液体を構成するイオンは比較的大きなものであるため，イオン数が数桁増えることはな

い．また，イオン液体の粘度は水の数百倍以上と高いため，イオン
移動の観点からは決して望ましいものではない．しかしながら，近
年の電池の高エネルギー化に伴い，発火などの事故が急増したた
め，電池の安全性に考慮した展開が増えてきた．すでに述べてきた
ように，イオン液体は引火性がきわめて低いなど安全性に優れた液
体であるため，電解質水溶液と同等のイオン伝導度が得られれば，
非常に安全な電池を作製できる．

　しかし，近年ではさらなる高出力化，小型化の波により，電解質
材料（イオン移動場）の探索が進み，全固体型電池［31, 35］へと
研究がシフトしてきている（第1章コラム2参照）．イオン伝導体
の項で述べたように，イオン液体も液体であるための欠点を有して
いるので，イオン液体をゲルに吸収させたものを使ったり，イオン
液体そのものを高分子化したりして新しいイオン伝導場として研究
が進められている．イオン液体の高分子化はたいへん興味深く，材
料設計の面からも新しい展開である．

　イオン液体を構成するイオンにビニル基などといった重合性の官
能基を導入して，イオン液体を高分子化させることができる．世界
で最初の高分子化イオン液体は［VC₂im］［NTf₂］（図3.9(a)）をラ
ジカル重合させて得られた［36］．

　こうして得られたイオン液体高分子は不燃性などの特徴は維持し

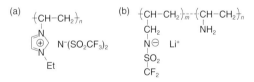

図3.9　初期の高分子化イオン液体
(a) アニオン伝導体，(b) リチウム伝導体．

ているものの，もはや液体ではなく固体であるため，イオン伝導度
は大きく低下した．リチウムイオンを伝導する高分子を設計するに
は，アニオンに重合基を導入してからリチウムイオンと組み合わせ
て塩を形成させ，重合してアニオン席を高分子鎖に固定する．たと
えば図3.9(b) のようなものはリチウムイオン伝導体になる．しか
し，リチウムイオンを含む塩の融点は高いため，ガラス転移温度を
十分に低下させないかぎり，リチウムイオンの移動度はそれほど大
きくならない．このような系のイオン伝導度を改善するにはいくつ
かの方法があるが，詳細は省略する．イオン液体の高分子化の詳細
は成書 [37] を参照されたい．

3.3.4 メ モ リ

コンピュータで使用されているメモリには，電源を落とすとデー
タが消失する揮発性メモリ（メインメモリ（dynamic random ac-
cess memory：DRAM）とキャッシュメモリ（static random access
memory：SRAM））と，電源を落としてもデータが消えない不揮発
性メモリ（ハードディスクや USB メモリ（NAND フラッシュメモ
リ）） という 2 種類がある．前者はデータ容量が限られるため，コ
ンピュータ動作のためには常に不揮発性メモリにアクセス可能にし
ておく必要があり，待機電力が常に消費されているが，もし
DRAM に相当する高速書込み/消去が可能で，かつ大容量の不揮発
性メモリがあれば，稼働領域にのみ電力を供給すればよくなり，待
機電力を大幅に削減できるはずである．抵抗可変型メモリ（CB-
RAM）は，ナノサイズの細孔をもつ厚さ 10〜20 nm の金属酸化物
（酸化ハフニウム（HfO_2）など）を，活性電極（Cu など）と不活性
電極（Pt など）で挟んだシンプルな構造をもつメモリである（図
3.10）[38]．活性電極（Cu）に正の電圧を印加すると，活性電極

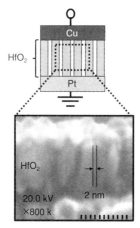

図 3.10 CB–RAM モデル（Cu//HfO₂//Pt）［39］

から銅イオン（Cu^{2+}）が溶出し，金属酸化物内のナノサイズの細
孔内を移動して不活性電極表面上に順次還元析出し，導電性フィラ
メントが形成され，フィラメントが両極を結んだ途端に高抵抗状態
から低抵抗状態に一挙に変化する．次いで，活性電極に負の電圧を
印加するとフィラメントが断裂し，ふたたび高抵抗化するため，低
抵抗と高抵抗をそれぞれ "1" と "0" に割り当てるとメモリとし
て機能することになる．CB–RAM の応答速度は USB メモリの 1000
倍という DRAM に近い高速であり，素子構成が単純なためにハー
ドディスクと同等の記録密度をもつメモリが製作可能と考えられ，
次世代不揮発性メモリの切り札として期待されているが，動作の不
安定性やスイッチング耐性の低さが障壁になっていた［38］．この
問題を解決するため従来はもっぱら金属酸化物層の構造最適化が研
究されていたが，鶴岡らが HfO₂ ナノ細孔内に単分子レベルの水層
が存在し，この水層の内部あるいは表面で銅イオンが移動して銅

フィラメント形成が起きている可能性を示唆した［39］．銅フィラ
メント形成過程では 3〜4 V が必要とされているが，水の電気分解
は 1.24 V で起こるため，金属酸化物ナノ細孔中で水が電気分解さ
れて酸素や水素を発生すれば細孔の破壊に繋がり，円滑なフィラメ
ント形成−破断−再形成のプロセスを阻害したものと推察できる．
伊藤，木下らは，金属酸化物のナノ細孔にイオン液体を充填すれ
ば，銅イオンの輸送とフィラメント形成−破断−再形成のプロセス
の円滑化に貢献できると考えた．実際に HfO_2 ナノ細孔内にイオン
液体を充填すると，CB–RAM の駆動電圧が顕著に低下し，動作安
定性が飛躍的に向上することを発見した［40］．ついで，銅(II)錯
体を溶解したイオン液体を HfO_2 層に充填するとメモリの書換えに
相当するスイッチング耐性が大きく向上することを見出した［41–
43］．従来の CB–RAM はスイッチング 100 回後（パルス換算で 100
万回の書換え時間に相当）20〜30% 程度の素子しか機能しなくなっ
てしまっていたが，0.4 mol L^{-1} $Cu(NTf_2)_2$/$[C_4mim]NTf_2$ を添加す
ると 90% 以上の素子が正常に動作した（図 3.11）．イオン液体が
「銅イオンを運ぶ機能」を活かして，CB–RAM 実用化の障壁を突破
するブレークスルーを実現したことになる．さらに，$Cu(NTf_2)_2$ を
トリグリム（G3）に溶解した溶媒和イオン液体（$[Cu(G3)](NTf_2)_2$）
を HfO_2 層に加えると，スイッチング耐性が向上するとともに，CB–
RAM の駆動電圧が低下し，0.7 V 以下の低電圧（USB メモリの 1/
10 以下）でメモリを駆動することに成功した［44］．この研究で開
発されたイオン液体内包型 CB–RAM（IL–CBRAM）は，USB メモ
リの 1 万倍の高速で駆動できることがわかり，将来，DRAM を IL–
CBRAM に置き換えることができると，コンピュータの消費電力は
現在の 1/10 程度になると期待される．省エネは創エネと同等以上
の価値をもつ．将来，IL–CBRAM が実用化されるとコンピュータ

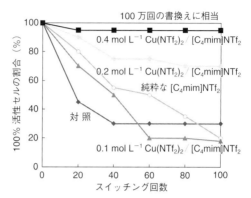

図 3.11 Cu//HfO₂//Pt–CB–RAM のスイッチング耐性に及ぼすイオン液体添加効果 [42]

の革新が起こるかもしれない．

3.4 覆　う

　ある程度の粘性があり蒸発しないイオン液体は，固体表面上に塗ると長時間液体状態を維持できる．この性質に注目すると，さまざまな応用が期待できる．

3.4.1　界面反応場

　ドイツの Wasserscheid らはカラムの充填剤の表面に触媒が溶けたイオン液体を被覆し，総表面積がきわめて大きな反応場（supported ionic liquid phase：SILP）をつくった（図 3.12）[45-47]．このカラムに基質を流すことにより高効率で反応を進行させることができる．多孔質充填剤の表面をイオン液体で被覆すれば，液体被覆状態を長期間安定に維持することができるので，単なる触媒反応

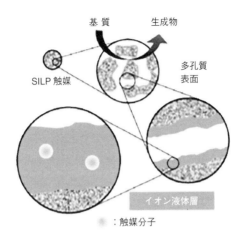

基質　　生成物

SILP 触媒

多孔質
表面

イオン液体層

●：触媒分子

図 3.12　SILP の基本的な設計指針 ［P. Wasserscheid, *J. Ind. Eng. Chem.*, **13**, 331 （2007）］

に留まらず，ガス分離や物質精製にも効果を発揮する．詳細は成書 ［45-47］ を参照のこと．

3.4.2　潤　滑　油

　イオン液体の特徴のなかで「不揮発性で難燃性，熱・酸化安定性 が高く，高粘性」というものは，潤滑油の立場から眺めるときわめ て魅力的である．潤滑油の性能は，一定温度にした金属ディスク上 に金属ボールあるいは金属板を接触させてその間に潤滑油を塗布 し，荷重をかけながら併進往復，あるいは回転させた際のディスク との摩擦係数を測定し，一定時間後にディスク表面の摩耗を観測す ることで評価されている（図 3.13）．

　2001 年に Liu らはイミダゾリウム塩イオン液体 ［C_6C_2im］BF_4 が 航空機用潤滑油である X-1P や PFPE（図 3.14）を凌駕するトライ ボロジー特性を示すことを報告した ［48］．［C_6C_2im］BF_4 や X-1P

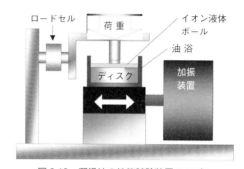

図 3.13　潤滑油の性能試験装置のモデル

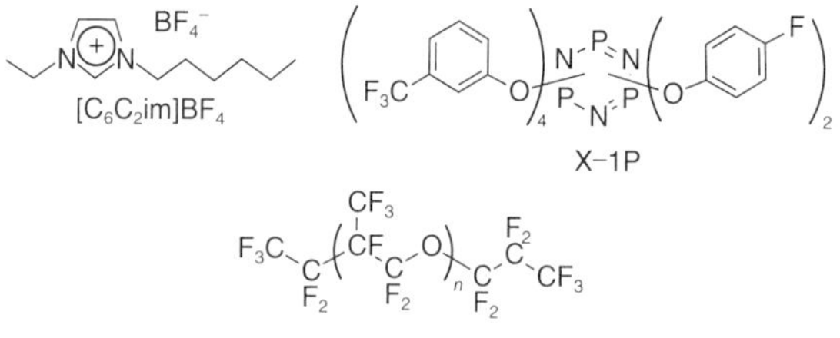

図 3.14　イオン液体潤滑油の例

や PFPE をディスク上に塗布し，ここに金属ボールを置いて過重を
かけながら一定温度で往復回転運動摩擦試験を行ったところ，
[C_6C_2im]BF_4 は過重時の摩擦係数が X-1P や PFPE より低く，また
熱安定性も高く優れた性能を示すことがわかった．この報告以降，
イオン液体の潤滑油機能を調べた研究が盛んに行われるようになっ
た．イオン液体のトライボロジー性能については総説が多く出され
ており，参考にされたい［49, 50］．

　伊藤らはイミダゾリウムカチオンとホスホニウムカチオンについ
て，アルキル硫酸アニオンを組み合わせたイオン液体について潤滑

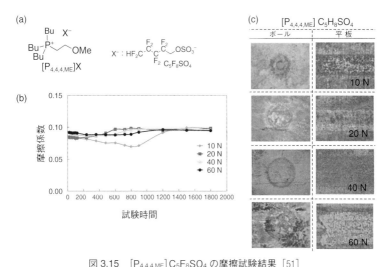

図 3.15 ［P₄,₄,₄,ME］C₅F₈SO₄ の摩擦試験結果 ［51］
（a）使用したイオン液体，（b）摩擦係数の時間変化，（c）摩擦試験後のディスク表面の形状．

油機能を調べたところ，疎水性のイオン液体 ［P₄,₄,₄,ME］C₅F₈SO₄（図
3.15(a)）が，摩擦係数も低く，大きな金属摩耗も認められず，潤
滑油として優れた性能を示すことを報告している（図3.15）［51］．
表面分析の結果，スチールディスクの表面にリンが導入されたこと
がわかり，トライボケミカル反応によりスチール表面に固い鉄リン
酸塩が生成して保護膜として機能したと考えられる．この結果は，
イオン液体潤滑油にはリンを含むイオン液体が有効なことを示唆す
る．実際に，2015 年に Wassersheid と Merck 社のグループがホス
ホニウムカチオンあるいは第四級アンモニウムカチオンとホスホ
ネートアニオンからなる完全ハロゲンフリーのイオン液体，
［P₁,₈,₈,₈］［Bu₂PO₄］ および ［N₁,₁₂,₁₂,₁₂］［Bu₂PO₄］（図3.16）が非常に

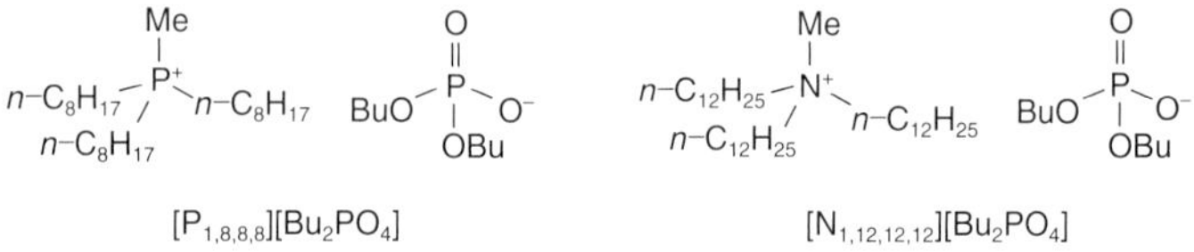

図 3.16　優れた潤滑油性能を示す Merck 社のイオン液体

優れた潤滑油性能を示すことを報告した［52］．潤滑油は単一化合物で使うことは少なく，多種化合物をブレンドして使用されるが，これらのイオン液体は，現在最も高性能な潤滑油イオン液体であると思われ，潤滑油の添加剤として非常に有望である．イオン液体潤滑油は高真空条件にも強く，温度変化や宇宙線に強いという特性をもち，宇宙船用の潤滑油としてふさわしいと期待されている．宇宙船用途であれば価格よりは機能が優先される．近い将来，イオン液体潤滑油を使用した機器が人工衛星や宇宙探査船に搭載される日がくることを期待する．

3.4.3　電子顕微鏡観察への適用——ウェット電顕法

　電子顕微鏡は，電子線を試料に当て，試料との相互作用を反映した電子を検出することにより試料の形態についての知見を得る装置とその方法である．おおまかにいえば，次の2つの手法に分けられる．一つは微細に絞った電子ビームを掃引しながら試料に当て，試料（おもに表面）から放出される二次電子を検出する方法であり，走査型電子顕微鏡（scanning electron microscopy：SEM）とよばれている．今一つは，電子線が透過するほどの薄い試料に電子線を当て，試料の透過度を反映した透過電子線を検出する方法であり，透過型電子顕微鏡（transmission electron microscopy：TEM）とよばれている．

　電子顕微鏡は光学顕微鏡に比べ，はるかに高い倍率（正確な表現をするなら，電子顕微鏡の場合は "分解能"）を誇っているが，2つの欠点がある．電子は物質との相互作用が強いため，空気中すら通過することができない．このため，窓付き試料セルを用いることなく，真空中で操作しなければならない．言い換えれば，真空中にセットできる試料でなければ対象とならない．また，試料に電子を当て続けると帯電してしまうので，絶縁体は電子顕微鏡観測には適さない．たとえば未処理の星の砂を観測すると図 3.17(b) [53] に示すように良い映像は得られない．そのため，金属コーティングで帯電防止を行うなど，特別な前処理が必要となる．

　それらを解決したのがイオン液体である．イオン液体が真空中でも蒸発しない液体であること，また，電気を流すことができる液体であることの2つの特徴を活かしたものである．イオン液体利用の電子顕微鏡観測法を確立したのは，大阪大学の桑畑と名古屋大学の鳥本のグループである [53]．彼らは，イオン液体が蒸気圧の非常

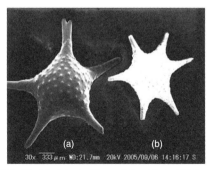

図 3.17　未処理の星の砂（b）と ［C_2mim］［NTf_2］ を含浸させた星の砂（a）
の SEM 像 ［S. Kawabata, *et al.*, *Chem. Lett.*, **35**, 601 (2006)］
星の砂：有孔虫の多孔質の殻で，$CaCO_3$ からなる．

に低い液体であることを活かすことを試みた．最初，イオン液体そのものの電子顕微鏡観察を試み，みごとに真空中で存在する液体のSEM撮影に成功した（図1.4参照）．さらに，イオン液体を含浸させて撮影した星の砂が図3.17(a) である．この写真から明らかなように，帯電していない鮮明な写真が得られた．これをきっかけに，イオン液体が帯電防止剤として有効であることが見出され，これを用いた電子顕微鏡観察法の精力的な研究が始まった．詳細は総説などを参照されたい［54, 55］．彼らの研究をSEMとTEMに分けて例を示す．

(1) SEMを用いた生体試料の観察

絶縁体試料を対象とする場合，帯電防止のために金属蒸着など複雑な操作を必要とし，その過程で試料の変形や状態変化をひき起こしてしまうことも多い．桑畑らが開発したイオン液体法は，イオン液体の水やアルコール溶液を試料に塗布，あるいは試料を溶液に浸漬させる．その後，水やアルコールを蒸発させて測定に供する．液体であるため，窪み，溝，孔などあらゆる箇所に広がっていき，コーティングむらがない．また，試料に与えるダメージも少ない．イオン液体は，帯電防止剤として試料表面を覆うと同時に，試料中の蒸発しやすい物質を閉じ込める耐真空剤としてもはたらく．濡れた生体試料などに適用した場合，生体機能を有したままでの形態を観測できる．

図3.18に，桑畑と金沢医科大学の石垣グループの共同研究によるイオン液体処理したヒトの肺の上皮細胞SEMイメージ［56］を示す．通常の固定・乾燥・蒸着処理を行うと剥ぎ取られてしまう微絨毛が鮮明に映し出されており，しかもそれらが他組織とネットワークを形成していることがわかる（図3.18(a)）．図3.18(b) は，

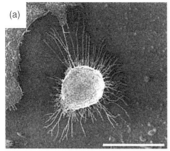 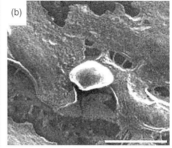

図 3.18　イオン液体処理を行ったヒトの肺の上皮細胞［Y. Ishigaki, *et al*., *Microsc. Res. Tech*., **74**, 1028（2011）］
（a）TGF*β*1未処理.（b）TGF*β*1処理（癌化処理）. スケールバーは50 μm.

癌化処理を施した上皮細胞で，これでは微絨毛は消失していることが観てとれる. この観察により，絨毛組織が癌の転移抑制と関係していることが実証された.

（2）TEM で観測する Au ナノ粒子の生成・成長機構

　イオン液体 TEM 法では，試料をイオン液体中に混合あるいは浮遊させ，これを孔の開いたグリット上に乗せて観測する. TEM 下で起こっている金（Au）ナノ粒子（Au nanoparticle：AuNP）の生成と成長過程をその場観測した例［57］を紹介する. この場合は，イオン液体［C_4mim］［NTf$_2$］を，テトラクロロ金酸ナトリウム（NaAuCl$_4$）を溶かす媒体とともに TEM 用の支持媒体として用いている. 高速電子は,TEM のプローブであると同時に［C_4mim］［NTf$_2$］に作用してラジカル種や溶媒電子を生成させるので，還元剤を生成する役目も担う. Au^{3+} を還元することによって生じる Au ナノ粒子が発生・成長する過程をリアルタイムの変化として捉えることに成功した. 上述の論文［57］の Supporting Information［58］に映

像が紹介されているので，興味のある方は参照されたい．

　イオン液体 TEM 法のバイオ材料への利用も進み，ウイルスなども簡便に観測できるようになってきた［59］．

3.4.4　ナノ粒子

　ナノメートルサイズの粒子はナノ粒子とよばれ，サイズ・形態に応じてその性質を大きく変化させる［60］．このような特性を生かしたナノテクノロジーは，さまざまな分野を横断かつ包括するかたちで発展し，21 世紀の技術革新の最先端と位置づけられている［60, 61］．すでに実装技術として広く社会に定着しているが，その基盤となるのはサイズ・形態を制御したナノ粒子をどのように調製するかである．

　金属に話を限ると，金属ナノ粒子の調製法［60, 61］は，溶液中での金属イオンの還元や金属イオンを含む化合物の熱分解でナノ粒子化する化学的方法と，蒸発，スパッタリング，レーザーアブレーション，放射線照射などでバルクな金属から剥ぎ取り微細粒子を作り出す物理的方法に大別される．前者はおもに液体中などで行われる湿式法であり，後者は真空中などで行われることが多く，乾式法ともよべる．ナノ粒子は，非常に表面活性が高く，そのままでは凝集してしまう．上記のいずれの方法においても，生成するナノ粒子をどのように安定化させ捕集するかが，サイズ・形態制御につながる．湿式法で合成する場合，界面活性剤や金属と強く相互作用して表面を覆う化合物（以下，安定化剤）を添加して，ナノ粒子間の凝集を防ぐことが多い．

　イオン液体のナノ粒子調製への利用もさまざまに試みられてきた．まず，液中還元法から始まった．イオン液体を媒体として金属化合物を溶解し，還元剤添加あるいは放射線照射により金属イオン

を還元する．イオン液体は，溶解媒体としてもはたらくと同時に安定化剤としてはたらく場合が多い．これらの手法と具体例については，Dupont らによる総説を参照されたい［62］．

　湿式法と乾式法の折衷ともよぶべき手法として，蒸気圧の非常に低い液体に金属原子やクラスターを降り積もらせ，金属ナノ粒子を調製する手法が報告されている．これらの手法では，アルゴンイオンスパッタリング［63, 64］，真空蒸着［65］やレーザーアブレーション［66, 67］などで，金属原子やクラスターを生成し，蒸気圧の低い（真空中でも液体状態を保つ）液体に捕獲させる．この場合の液体を捕獲媒体とよぶことにする．捕獲媒体に到達した金属原子やクラスターは，核形成・成長しながら捕獲媒体中に拡散する．イオン液体以外にも捕獲媒体の候補はいくつかあるが，イオン液体を用いた方法は，鳥本と桑畑のグループにより最初に報告された［63］．

　イオン液体の特性を最大限に活かした方法として，ここでは鳥本と桑畑のグループによるイオン液体とアルゴンイオンスパッタリングを用いた金属ナノ粒子調製法（以下，イオン液体–スパッタ法）［63］を紹介する．イオン液体を捕獲媒体とすると，ごく一般的なスパッタリング蒸着装置を用いて，簡便な操作により金属や合金のナノ粒子を調製できる．原理は簡単である．スパッタリング装置上部に金属を貼り付け，通常は蒸着される試料を置く下部台上にイオン液体を入れたトレイを置く．真空引き後チャンバー中に低圧のアルゴンガスを注入し，金属とイオン液体を設置した台間に高電圧をかける．アルゴンはイオン化され，金属に衝突する．剥ぎ取られた原子状の金属はイオン液体上に降り積もり，ナノ粒子となってイオン液体中に浮遊する（図3.19）．イオン液体のきわめて低い蒸気圧が本調製法を可能にしている．また，イオン液体を捕獲媒体とした

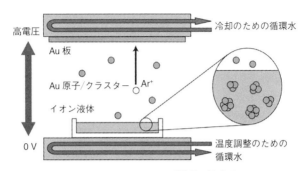

高電圧

冷却のための循環水

Au板

Au原子/クラスター　Ar⁺

イオン液体

0 V

温度調整のための
循環水

図3.19　スパッタリング装置の模式図
ターゲットおよび捕獲媒体の温度を調整できるように，恒温水を流せるよ
う一般装置を改良してある [71, 74].

　場合，イオン液体自身が安定化剤としてはたらく．Janiakらは，他
の安定化剤に包まれていないので，これを "裸のナノ粒子（naked
nanoparticle)" とよんでいる [68]．これは特筆すべきことである．
イオン液体-スパッタ法で調製するナノ粒子は，反応副生成物や安
定化剤を含まず，捕獲媒体とナノ粒子のみの化学的にきれいな二元
系であるからである．

　イオン液体-スパッタ法による金属ナノ粒子調製の最初の報告
[63] 以後，調製方法，生成機構，サイズや形状制御因子に関して
さまざまな検討が行われてきた [63, 64, 69-75]．しかし，それら
の報告（とくにサイズ決定因子）には不一致な点が多く，スパッタ
リング条件の違いと簡単に片付けられてきた．いうまでもなく，ナ
ノ粒子のユニークな性質と機能はそのサイズに大きく依存してい
る．このため，目的のサイズのナノ粒子をつくり分けることができ
るとすると，学術的観点はもとより実用的観点からも意義深い．イ
オン液体-スパッタ法でつくるナノ粒子は，上述したようにさまざ
まな特徴と利点を有する．このため，本手法のナノ粒子のサイズ決

定因子を確実にしておくことは重要である.

　代表的な金属である Au を対象として，畠山と西川らは条件を系統的に変えて実験し，サイズ決定因子を抽出し，Au ナノ粒子の生成機構を提案している［70, 71, 74, 75］.以下，簡単にその実験と得られた結論を示す.まず彼らは，実験条件を系統的に変えるため，一般的なスパッタリング蒸着装置を以下のように改良した（図3.19）［71, 74］.（a）下部台に恒温水循環装置を設置し，捕獲媒体の温度を調節可能化，（b）上部に取り付けた金属 Au を冷却できるよう冷却水を循環，（c）捕獲媒体に到達する前の Au 原子やクラスターの飛行時間制御のための上下台間距離変化の可能化.以上の準備のもと，[C₄mim]BF₄ を捕獲媒体としてさまざまな条件で Au ナノ粒子を調製し，すぐに小角 X 線散乱（small angle X-ray scattering：SAXS）実験を行った［71］.実験から得られた SAXS パターンを，ナノ粒子の形状が球形であることを仮定した理論散乱曲線でフィッティングしたのが図 3.20 である.Au ナノ粒子の大きさ（d_{peak}：分布関数のピーク値，最も多く生成されるナノ粒子の直径）とその分散（W_{FWHM}：分布関数の幅，半値全幅）から，温度上昇とともにサイズとサイズ分布の分散は大きくなっていくことがわかる.調製温度 20〜30℃ では，粒径 1 nm 以下であり，Au_{13} 程度あるいはそれ以下のナノ粒子ができていることがわかる（Au_{13} は，金属 Au の安定構造である fcc の構成単位である最小の立方八面体）.捕獲媒体の温度上昇とともに粒径およびその分散は大きくなり，80℃ においては 1000 個程度の Au 原子からなるナノ粒子が主要な成分であることがわかる.

　その他の実験結果も合わせてまとめると以下のようになる［74］.
　　① Au ナノ粒子のサイズとサイズ分布に影響しない因子
　　　（a）スッパタリング時間（捕獲媒体中の Au の量と濃度）

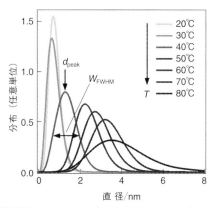

図3.20 捕獲媒体［C₄mim］BF₄ 中に生成する Au ナノ粒子のサイズ分布
数値は調整時の捕獲媒体の温度［71］.

 (b) ターゲットと捕獲媒体の距離

 (c) スパッタリング時の放電電流（単位時間に捕獲媒体表面
  に降る Au の量）

 (d) アルゴンガスの圧力

② Au ナノ粒子のサイズとサイズ分布に影響を及ぼす因子

 (e) 捕獲媒体の温度

 (f) ターゲットの温度

 (g) スパッタ時の印加電圧

これまで核生成や成長機構が捕獲媒体表面で起こっているのか，そ
れとも捕獲媒体中で起こっているのかの2つの見解があった［73，
74］．上記の実験事実は，捕獲媒体内部，しかも表面のごく近傍で
起こっていることの証左と考えられる．スパッタ後イオン液体に注
入された Au 原子または小さなクラスターはすぐに媒体内部へ拡散
し，内部で Au どうしが衝突しナノ粒子に成長していくというモデ

ルである．媒体中での衝突頻度が高いほどナノ粒子の成長が進む．
拡散および衝突頻度を支配しているのが媒体の粘度である．イオン
液体の場合は粘度の温度変化が非常に大きく，②（e）の実験事実
がよく説明される．捕獲媒体中での衝突によるナノ粒子の成長と，
イオン液体のイオン（とくにアニオン）による安定化が競合してお
り，ある大きさまで成長したナノ粒子はイオンの安定化と釣り合っ
て成長が止まり，サイズが決まると結論された．

　次に議論するのは，イオン液体の種類が Au ナノ粒子のサイズお
よびサイズ分布に及ぼす影響である．イオン液体–スパッタ法の開
発当初から，イオン液体の種類の違いにより異なるサイズのナノ粒
子が調製できることが報告されてきた [63]．上述した条件をすべ
て整えたうえで，畠山と西川らは 10 種類近くのイオン液体を捕獲
媒体として実験を行った [75]．その結果，アニオンの種類の影響
が最も強く作用しており，カチオンの違いによる影響はほとんどな

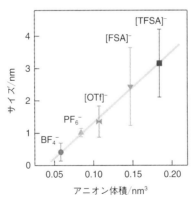

図 3.21　捕獲媒体のアニオンの体積と生成するナノ粒子のサイズの関係
サイズは分布関数のピーク値（d_{peak}）を採用．捕獲媒体の温度は 20℃ もし
くは 25℃．エラーバーは分散を示す [75]．

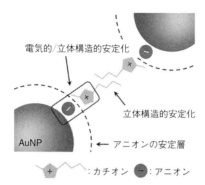

電気的/立体構造的安定化

立体構造的安定化

アニオンの安定層

AuNP

+ 〜〜〜：カチオン ● ：アニオン

図3.22 イミダゾリウム系イオン液体中に生成する Au ナノ粒子（AuNP）の安定化モデル [75]

いことが明らかになった．これにより，Au ナノ粒子の表面にアニオンが弱く配位し，ナノ粒子を安定化していると考えられる．種々のアニオンを変えて得られた結果，アニオンの極性よりは大きさが，ナノ粒子のサイズ決定因子として大きく効いていることが明らかになった（図3.21）．以上をまとめ，彼らは図3.22 に示すような安定化モデルを提出している．

　以上，イオン液体–スパッタ法では，イオン液体の種類とその温度調製（粘度調製に相当）により，ナノ粒子のサイズ調製ができることが明らかになった．また，このように調製した Au ナノ粒子は，そのまま数カ月間室温で放置してもサイズの変化は起こらず，イオン液体が非常に強力な安定剤であることも示されている．

3.5　変化する

3.5.1　光 応 答

　イオン液体を構成するイオンに光異性化するアゾベンゼンなどを組み込み，光応答に伴う極性や粘性の変化を導くことができる．バルク状態では光異性化に時間がかかるため，3.4.1 項で述べたような表面積を圧倒的に大きくさせた系で光応答をさせるなど，工夫が必要である．

　一方，アゾベンゼンなどを高分子に組み込み，イオン液体と混合した系に紫外光を照射するとアゾベンゼンがシス型になり，系の収縮が起こる．その結果イオン伝導度は低下する．逆に加熱するか可視光を照射すると鎖が伸び，イオンが動きやすくなるためイオン伝導度は向上する．これは可逆的に起こすことができるので，フィルム上に成型し，光によるイオン伝導度のスイッチングに利用できる（図 3.23）[76]．

3.5.2　pH 応 答

　イオン液体は酸と塩基で構成されているので，用いる酸や塩基の性質によっては水溶液にしたときの物性や状態を pH で変えることができる．また，pH に応じて解離度が変わるようなアミノ基やカルボン酸残基などを有するイオンを構成成分とするイオン液体は，その物性を pH によって制御することもできる．酸や塩基を添加して pH を変化させる場合，変化を繰り返しひき起こすと系内に添加イオンが蓄積され，イオン液体の物性を変えてしまうことがある．そのため二酸化炭素ガスをバブリングさせて酸性にし，窒素ガスをバブリングさせてもとに戻すなど，イオン（性物質）を添加せずに pH 制御を行う工夫が必要である．

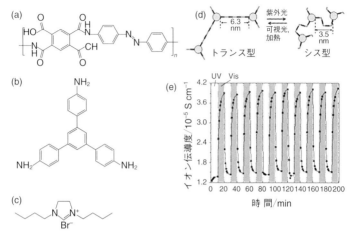

図 3.23　アゾベンゼンを組み込んだ高分子にイオン液体を含浸させたゲルの構造と光応答性

(a) アゾベンゼンを含む高分子鎖，(b) 架橋剤，(c) イオン液体．
(d) 高分子鎖と架橋剤の光による構造変化（模式）．ここでは (a) を ━ で，
(b) を ◎ で示す．
(e) 紫外光（UV）と可視光（Vis）を交互に照射し，イオン伝導度のスイッチングを行った例．▨部分が可視光を照射しているとき．

3.5.3　非線形的な温度応答

　親水性と疎水性の中間の性質をもったイオン液体は，温度に応答して水との親和性が変わる場合がある．昇温により溶解度が上昇することは一般的であるが，逆に温度を下げていくと水との親和性が高まり，昇温すると水と分離するようになる系は興味深い．熱力学的な議論はここではせず，単に事例と，機能化について紹介する．昇温により水との親和性（溶解度）が低下することは LCST（1.3 節参照）型の相転移挙動とよばれ，すでにある種の高分子と水の組合せなどが知られていたが，イオン液体と水の組合せでも発見され

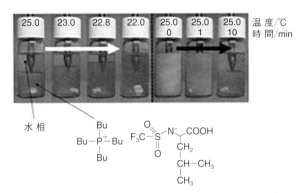

図 3.24 ［P₄,₄,₄,₄］*N*−トリフルオロメタンスルホニルロイシン酸と水の混合物
［K. Fukumoto, H. Ohno, *Angew. Chem. Int. Ed.*, **46**, 1853（2007）］
25℃ では 2 層に分離しているが，冷却すると徐々に水とイオン液体との親和性が増し，22℃ では完全に均一相となる．これを 25℃ に戻すとふたたび相分離する．（カラー図は口絵 3 参照）

た．

　図 3.24 に［P₄,₄,₄,₄］*N*−トリフルオロメタンスルホニルロイシン酸を水と混合した系の相状態を示す［77］．ここで，イオン液体相は見やすくするために色素で染色してある（口絵 3 参照）．図左端の写真のように 25℃ では 2 層に分離しているが，これを徐々に冷却すると水とイオン液体との親和性が増していき，イオン液体相へ水が溶けていく．ついには 22℃ で完全に均一相となる．これを 25℃ に戻すとふたたび相分離する．

　水と混合して LCST 型の相転移を示す物質はすでに知られているが，ここに示すように 3℃ 程度の差異で相状態が大きく変わるような例はない．わずかな温度差で大きく相状態が変化するこのような系にはさまざまな応用が期待できる．

　河野らは水と混合後に LCST 型の相転移を示すイオン液体につい

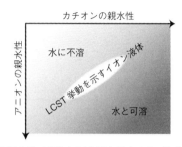

図 3.25　わずかな温度差で相溶と相分離を示すイオン液体–水混合系を探索
　　　　するために作成された成分イオンの親疎水性と水との親和性の関係

　て，構成イオンに必要な構造を見出す研究を進めた．多くのイオン
を組み合わせ，多数のイオン液体を合成し，水との相溶性を詳細に
解析した．その結果，LCST 型の相転移を示すイオン液体は特定の
イオンが必須ではなく，カチオンとアニオンの両方の親水性の総和
に一義的に依存していることを見出した．水と混合後，LCST 型の
相転移を示すイオン液体は比較的含水率の高い疎水性のイオン液体
（すなわち親水性と疎水性の中間の性質をもつもの）のなか（図
3.25）に見出すことができる［78］．
　この発見により，水と混合後 LCST 型の相転移を示すイオン液体
が次々に見つかった．それに伴い，LCST 型の相転移がさまざまな
分野で利用されるようになってきた．
　たとえば，イオン液体相に酵素や触媒を溶解させておき，これに
基質を含んだ水溶液を加える（図 3.26 左）．夜になり気温の低下と
ともに混合系は均一溶液となり，触媒反応が進行する（同，中央）.
翌朝，気温の上昇とともにふたたび相分離し，水相にある生成物を
取り出せば（同，右），夜の間に反応が進行し，生成物を取り出す
のも簡単である．概念としては面白いが，実際には基質，触媒，生

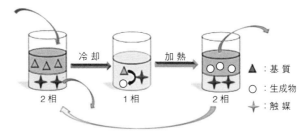

図 3.26　昼夜の温度差を利用した反応相の例（模式）

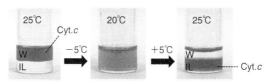

図 3.27　LCST 挙動に伴う Cyt.*c* の相移動 ［Y. Kohno, H. Ohno, *et al.*, *Polym. Chem.*, **2**, 864（2011）］

成物のそれぞれの相への溶解度をどう制御するか，あるいは一方の相にだけ溶けるようなそれぞれの候補を見出すことが重要である．

　実際にタンパク質の溶解状態を解析した報告がある［78］．ヘムタンパク質の一種である Cyt.*c* を水溶液とし，［P$_{4,4,4,4}$］トリフルオロメタンスルホニルロイシン酸の上層に 25℃ で加え，静置したのち 20℃ に冷却したところ，均一相となった（図 3.27，中央）．この段階で Cyt.*c* は沈殿したりせず，均一に溶解していた．タンパク質が高塩濃度の水溶液に均一溶解することも驚きだが，この溶液をふたたび 25℃ にしたところ，すべての Cyt.*c* がイオン液体相に移動した．「緩衝液がタンパク質の最適な溶媒である」という不文律のようなものがあり，含塩水溶液よりも含水イオン液体のほうが良い溶媒という考えはなかった．さらに，この初期の相分離状態（図，

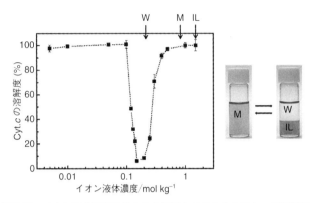

図3.28 イオン液体濃度の異なる水溶液中でのシトクロム c の溶解度
[Y. Kohno, H. Ohno, *et al.*, *Aust. J. Chem.*, **65**, 1550 (2012)]
M：均一混合状態，W：相分離後の水相，IL：相分離後のイオン液体相．

左）を 25℃ で保持していても水相からイオン液体相への Cyt.*c* の相間移動は起こらないことから，平衡論で議論できるものでもなかった．

そこで，Cyt.*c* の溶解度（相対値）に及ぼすイオン液体濃度の効果を詳細に検討した結果，図3.28 に示すような特異的な塩濃度依存性が見られた [79]．すなわち，イオン液体濃度が 0.1 mol kg^{-1} 程度まではイオン液体を加えた水溶液は Cyt.*c* をよく溶解したが，それを超えると溶解性は急激に低下し，0.2 mol kg^{-1} 前後ではほぼ溶解しなくなってしまう．しかし，さらにイオン液体濃度を高くしていくと，Cyt.*c* の溶解度はふたたび向上した．

前述の図3.27 の中央と右側の相状態のイオン液体の濃度を図3.28 中に矢印で示した．均一相になっている状態（M）では Cyt.*c* の溶解度は高いので，沈殿しない．昇温させて相分離させたときの水相のイオン液体濃度は 0.2 mol kg^{-1} 程度であり，Cyt.*c* はほとん

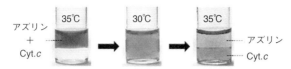

図 3.29　アズリンとシトクロム *c* の分離 ［Y. Kohno, H. Ohno, *et al.*, *Aust. J. Chem.*, **65**, 1549 (2012)］
アズリンと Cyt.*c* はともに水溶性タンパク質であるが，LCST 型挙動を利用すれば簡単に分離できる．（カラー図は口絵 5 参照）

ど溶解しない（塩析）．しかし，含水イオン液体相のイオン液体濃度は 2.0 mol kg^{-1} 程度なので，Cyt.*c* はよく溶解する（塩溶）．したがって，相分離後の水相に Cyt.*c* は溶解せず，イオン液体相に存在する．

　この溶解度のイオン液体濃度依存性はタンパク質によって異なることもわかっている．したがって，適切なタンパク質を選択すれば，水溶性タンパク質であっても簡単に分離させることができる．アズリンと Cyt.*c* の分離を試みた例を図 3.29 に示す［79］．アズリンは Cyt.*c* が塩析するイオン液体水溶液にも溶解するため，相分離後は少量のイオン液体を含む水相にアズリンが，イオン液体相に Cyt.*c* がそれぞれ溶解する．イオン液体相に溶解している Cyt.*c* を水相に戻すことも可能なので，それぞれを分離させることができる．

　LCST 型相転移を示すイオン液体を高分子にすると，水への溶解度がある温度で大きく変化するような性質を示す［80］．疎水性の異なるイオン液体高分子を水に溶解させ，溶液の透過度を測定した結果を図 3.30 に示す［81］．温度を上げていくと，特定の温度で溶液が濁る．この応答は非常にシャープである．いずれも LCST 挙動を示すイオン液体高分子であるが，疎水性が強いイオン液体高分子

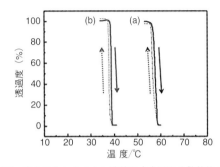

図 3.30 高分子化したイオン液体の水中での分散状態の制御
（a）イオン液体高分子 A，（b）イオン液体高分子 B．高分子 B のほうが疎水性
が強い．実線は加熱時，点線は冷却時の応答［81, 82］.

ほど低温で相転移する．このようにイオン液体高分子の疎水性で転
移温度をコントロールできるので，温室の側面や屋根に使用すれば
温度制御に使える．ほかにも温度応答性の光シャッターなどへの展
開が考えられるが，水溶液であるため取扱いが煩雑である．

　それでは，高分子を架橋しゲルにすると，どのような温度応答を
示すのであろうか？　重合性架橋剤や複数のビニル基をもつモノ
マーと一緒に重合反応させれば，イオン液体ポリマーゲルを得るこ
とができる．LCST 型の相転移に伴って水和状態が変化するように
することは容易ではない．単純なイオン液体高分子でもそうである
が，水と混合後 LCST 型の相転移を示すイオン液体モノマーを重合
してもすべてが LCST 挙動を示すわけではない．イオン液体高分子
ゲルではさらに複雑で，架橋剤濃度が低いとゲル強度が低く，温度
変化の途中で壊れてしまうし，高度に架橋すると温度応答性が失わ
れてしまう．

　適切に条件を設定して得られたイオン液体高分子ゲルは興味深い
温度応答を示す．一例を図 3.31 に示す．この構造をもつイオン液

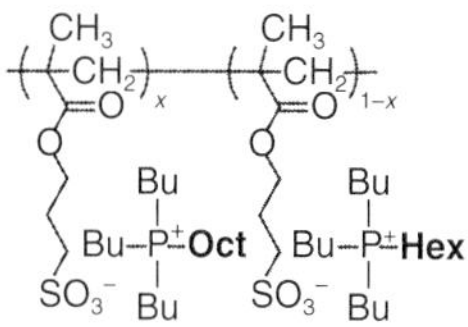

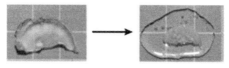

図 3.31 疎水性を制御した温度応答性高分子

図 3.32 疎水性と架橋状態を制御した温度応答性高分子 [Y. Deguchi, H. Ohno, *et al.*, *Aust. J. Chem.*, **67**, 1668 (2014)]
25℃（図，左側）では吸水状態であるが，これを50℃（図，右側）にすると水を放出し，収縮した．これは温度制御により繰り返し行うことができる．このようなゲルは多くの応用が考えられる．

体高分子を作製するときに重合性架橋剤を共存させてゲルを作製すると，温度に応じて含水量が変化する興味深いゲルが得られる．図3.32に示すように，低温では含水ゲルであるが，昇温すると蓄えていた水を放出するような挙動を示す．架橋剤の種類や濃度などを適切に制御すると力学物性に優れたゲルができ，繰返しの温度変化に応じて水を吸脱着するようになる [82]．

3.6 おわりに

　イオン液体の機能化について，これまでの成果を中心に紹介してきた．ここに紹介できなかった機能化も多く，さまざまな分野でイオン液体が利用されることが予測できる．今後もイオン液体が関係する物質の機能化に関する研究は増加すると予測される．イオン液

体の情報（に限らないが）は，学術論文よりも学会などで報告されるもののほうが新しい．とくにイオン液体研究会（www.ilra.ja）は全国のイオン液体研究者の集まりであり，毎年最先端の研究が報告されているので，ぜひ参加して熱い議論を体感してほしい．

参考文献

［1］ H. Ohno, M. Y-Fujita, Y. Kohno, *Bull. Chem. Soc. Jpn.*, **92**, 852（2019）.

［2］ Y. Fukaya, K. Hayashi, M. Wada, H. Ohno, *Green Chem.*, **10**, 44（2008）.

［3］ M. J. Earle, K. R. Seddon, *et al.*, *Nature*, **439**, 831（2006）.

［4］ S. N. V. K. Aki, J. F. Brennecke, *et al.*, *J. Phys. Chem. B*, **108**, 20355（2004）.

［5］ E. D. Bates, R. D. Mayton, I. Ntai, J. H. Davis, *J. Am. Chem. Soc.*, **124**, 926（2002）.

［6］ F. Zhou, D. R. MacFarlane, *et al.*, *Energy Environ. Sci.*, **10**, 2516（2017）.

［7］ B. V. Feyecon, PCT/NL 2011/050909, Dec. 30, 2010. オランダ，特表2014-505586号公報.

［8］ Y. Luo, S. Shao, H. Xu, C. Tian, *Appl. Therm. Eng.*, **31**, 2772（2011）.

［9］ Y. Luo, S. Shao, F. Qin, C. Tian, H. Yang, *Sol. Energy*, **86**, 2718（2012）.

［10］ H. Watanabe, T. Komura, R. Matsumoto, K. Ito, H. Nakayama, T. Nokami, T. Itoh, *Green Energy Environ.*, **4**, 139（2019）.

［11］ A. Brandt, J. Gräsvik, J. P. Hallett, T. Welton, *Green Chem.*, **5**, 550（2013）.

［12］ T. Mizumo, E. Marwanta, N. Matsumi, H. Ohno, *Chem. Lett.*, **33**, 1360（2004）.

［13］ 大野弘幸, *Cellulose Comm.*, **18**, 104（2011）.

［14］ T. Akiba, A. Tsurumaki, H. Ohno, *Green Chem.*, **19**, 2260（2017）.

［15］ M. Abe, Y. Fukaya, H. Ohno, *Chem. Comm.*, **48**, 1808（2012）

［16］ M. Abe, S. Yamanaka, H. Yamada, T. Yamada, H. Ohno, *Green Chem.*, **17**, 4432（2015）.

［17］ M. Abe, T. Yamada, H. Ohno, *RSC Adv.*, **4**, 17136（2014）.

［18］ M. Abe, K. Kuroda, H. Ohno, *ACS Sus. Chem. Eng.*, **3**, 1771（2015）.

［19］ K. Yamamoto, H. Miyafuji, *et al.*, *ACS Sus. Chem. Eng.*, **5**, 10111（2017）.

［20］ F. Kurusu, N. Y. Kawahara, H. Ohno, *Solid State Ionics*, **86-88**, 337（1996）.

［21］ N. Y. Kawahara, H. Ohno, *Solid State Ionics*, **113-115**, 161（1998）.

［22］ H. Ohno, C. Suzuki, K. Fukumoto, M. Yoshizawa, K. Fujita, *Chem. Lett.*, **32**, 450（2003）.

［23］ H. Ohno, C. Suzuki, K. Fujita, *Electrochim. Acta*, **51**, 3685（2006）.

［24］K. Tamura, N. Nakamura, H. Ohno, *Biotech. Bioeng.*, **109**, 729 (2012).

［25］H. Ohno, N. Yamaguchi, *Bioconjug. Chem.*, **5**, 379 (1994).

［26］K. Fujita, D. R. MacFarlane, M. Forsyth, *Chem. Comm.*, 4804 (2005).

［27］K. Fujita, D. R. MacFarlane, *et al.*, *Biomacromolecules*, **8**, 2080 (2007).

［28］藤田恭子，田村 薫，大野弘幸，ファインケミカル，**40**, 31 (2011).

［29］K. Fujita, M. Kajiyama, Y. Liu, N. Nakamura, H. Ohno, *Chem. Comm.*, **52**, 13491 (2016).

［30］K. Fujita, R. Nakano, R. Nakaba, N. Nakamura, H. Ohno, *Chem. Comm.*, **55**, 3578 (2019).

［31］渡邉正義 編，『イオン液体研究最前線と社会実装』，シーエムシー出版 (2016).

［32］T. Iwata, A. Tsurumaki, S. Tajima, H. Ohno, *Polymer*, **55**, 2501 (2014).

［33］A. Tsurumaki, S. Tajima, T. Iwata, B. Scrosati, H. Ohno, *Electrochim. Acta*, **175**, 13 (2015).

［34］A. Tsurumaki, S. Tajima, T. Iwata, B. Scrosati, H. Ohno, *Electrochim. Acta*, **248**, 556 (2017).

［35］金村聖志，『電池』，化学の要点シリーズ 9，共立出版 (2013).

［36］H. Ohno, K. Ito, *Chem. Lett.*, 751 (1998).

［37］A. Eftekhari, Ed., "Polymerized Ionic Liquids", Royal Society of Chemistry (2018).

［38］W. Waser, R. Dittmann, C. Staikov, K. Szot, *Adv. Mater.*, **21**, 2632 (2009).

［39］A. Harada, H. Yamaoka, R. Ogata, K. Watanabe, K. Kinoshita, S. Kishida, T. Nokami, T. Itoh, *J. Mater. Chem. C*, **3**, 6966 (2015).

［40］伊藤敏幸，化学と工業，**72**, 19 (2019).

［41］T. Tsuruoka, K. Terabe, *et al.*, *Adv. Funct. Mater.* **22**, 70 (2012).

［42］A. Harada, H. Yamaoka, K. Watanabe, K. Kinoshita, S. Kishida, Y. Fukaya, T. Nokami, T. Itoh, *Chem. Lett.*, **44**, 1578 (2015).

［43］A. Harada, T. Itoh, *et al.*, *J. Mater. Chem. C*, **4**, 7215 (2016).

［44］K. Kinoshita, A. Sakaguchi, A. Harada, H. Yamaoka, S. Kishida, Y. Fukaya, T. Nokami, T. Itoh, *Jpn. J. Appl. Phy.*, **56**, 04CE13 (2017).

［45］C. P. Mehnert, E. J. Mozeleski, *et al.*, *Chem. Comm.*, 3010 (2002).

［46］A. Riisager, P. Wasserscheid, *et al.*, *Catal. Lett.*, **90**, 149 (2003).

［47］P. Wasserscheid, *J. Ind. Eng. Chem.*, **13**, 325 (2007).

［48］C. Ye, W. Liu, Y. Chen, L. Yu, *Chem. Comm.*, 2244 (2001).

［49］F. Zhou, Y. Liang, W. Liu, *Chem. Soc. Rev.*, **38**, 2590 (2009).

［50］L. Lsrael, F. Farfan-Cabrera, *Tribol. Int.*, **138**, 473 (2019).

［51］T. Itoh, N. Watanabe, K. Inada, A. Ishioka, S. Hayase, M. Kawatsura, I. Minami, S.

Mori, *Chem. Lett.*, **38**, 64 (2009).

[52] A. Westerholt, P. Wassercheid, *et al.*, *ACS Sus. Chem. Eng.*, **3**, 797 (2015).

[53] S. Kuwabata, A. Kongkanand, D. Oyamatsu, T. Torimoto, *Chem. Lett.*, **35**, 600 (2006).

[54] T. Torimoto, T. Tsuda, K. Okazaki, S. Kuwabata, *Adv. Mater.*, **22**, 1196 (2010).

[55] 桑畑 進，津田哲哉，望月衛子，鳥本 司，表面科学，**36**, 195 (2015).

[56] Y. Ishigaki, S. Kuwabata, *et al.*, *Microsc. Res. Tech.*, **74**, 1024 (2011).

[57] T. Uematsu, T. Torimoto, *et al.*, *J. Am. Chem. Soc.*, **136**, 13789 (2014).

[58] http://pubs.acs.org/doi/abs/10.1021/ja506724w

[59] T. Tsuda, K. Kawakami, E. Mochizuki, S. Kuwabata, *Biophys. Rev.*, **10**, 927 (2018).

[60] 春田正毅，『ナノ粒子』，化学の要点シリーズ 7，共立出版 (2013).

[61] 米澤 徹，『金ナノテクノロジー —その基礎と応用—』，春田正毅 監，第4章，シーエムシー出版 (2009).

[62] J. Dupont, J. D. Scholten, *Chem. Soc. Rev.*, **39**, 1780 (2010).

[63] T. Torimoto, S. Kuwabata, *et al.*, *Appl. Phys. Lett.*, **89**, 243117 (2006).

[64] T. Torimoto, T. Tsuda, K. Okazaki, S. Kuwabata, *Adv. Mater.*, **21**, 1 (2009).

[65] K. Richter, A. Birkner, A. V. Mudring, *Phys. Chem. Chem. Phys.*, **13**, 7136 (2011).

[66] Y. Kimura, H. Takata, M. Terazima, T. Ogawa, S. Isoda, *Chem. Lett.*, **39**, 1130 (2007).

[67] H. Wender, M. L. Andreazza, R. R. B. Correia, S. R. Teixeira, J. Dupont, *Nanoscale*, **3**, 1240 (2011).

[68] C. Vollmer, C. Janiak, *Coord. Chem. Rev.*, **255**, 2039 (2011).

[69] K. Okazaki, T. Kiyama, K. Hirahara, N. Tanaka, S. Kuwabata, T. Torimoto, *Chem. Comm.*, 691 (2008).

[70] Y. Hatakeyama, M. Okamoto, T. Torimoto, S. Kuwabata, K. Nishikawa, *J. Phys. Chem. C*, **113**, 3917 (2009).

[71] Y. Hatakeyama, S. Takahashi, K. Nishikawa, *J. Phys. Chem. C*, **114**, 11098 (2010).

[72] T. Kameyama, Y. Ohno, T. Kurimoto, K. Okazaki, T. Uematsu, S. Kuwabata, T. Torimoto, *Phys. Chem. Chem. Phys.*, **12**, 1804 (2010).

[73] H. Wender, L. F. Oliveira, P. Migowski, A. F. Feil, E. Lissner, M. H. G. Prechtl, S. R. Teixeira, J. Dupont, *J. Phys. Chem. C*, **114**, 11764 (2010).

[74] Y. Hatakeyama, K. Onishi, K. Nishikawa, *RSC Adv.*, **1**, 1815 (2011).

[75] Y. Hatakeyama, K. Judai, K. Onishi, S. Takahashi, S. Kimura, K. Nishikawa, *Phys. Chem. Chem. Phys.*, **18**, 2339 (2016).

[76] M. Tamada, T. Watanabe, K. Horie, H. Ohno, *Chem. Comm.*, 4050 (2007).

［77］ K. Fukumoto, H. Ohno, *Angew. Chem. Int. Ed.*, **46**, 1852（2007）.

［78］ Y. Kohno, S. Saita, K. Murata, N. Nakamura, H. Ohno, *Polym. Chem.*, **2**, 862（2011）.

［79］ Y. Kohno, N. Nakamura, H. Ohno, *Aust. J. Chem.*, **65**, 1548（2012）.

［80］ Y. Kohno, S. Saita, Y. Men, J. Yuan, H. Ohno, *Polym. Chem.*, **6**, 2163（2015）.

［81］ Y. Kohno, H. Arai, S. Saita, H. Ohno, *Aust. J. Chem.*, **64**, 1560（2011）.

［82］ Y. Deguchi, Y. Kohno, H. Ohno, *Aust. J. Chem.*, **67**, 1666（2014）.

索　引

Memorandum

Memorandum

Memorandum

〔著者紹介〕

西川惠子（にしかわ　けいこ）　担当：1章，3章4.3項・4.4項
1974年　東京大学大学院理学系研究科修士課程修了
現　在　公益財団法人 豊田理化学研究所　フェロー，千葉大学名誉教授
　　　　理学博士
専　門　物理化学

伊藤敏幸（いとう　としゆき）　担当：2章，3章2.2項・3.4項・4.2項
1976年　東京教育大学農学部農芸化学科卒業
現　在　公益財団法人 豊田理化学研究所　フェロー，鳥取大学名誉教授
　　　　理学博士，英国王立化学会フェロー
専　門　有機合成化学

大野弘幸（おおの　ひろゆき）　担当：3章
1981年　早稲田大学大学院理工学研究科博士後期課程修了
現　在　日本学術振興会 学術システム研究センター　所長
　　　　東京農工大学名誉教授，同特別招聘教授
　　　　工学博士，英国王立化学会フェロー
専　門　高分子化学

化学の要点シリーズ 37 Essentials in Chemistry 37

イオン液体
Ionic Liquid

2021年3月25日　初版1刷発行

著　者　西川惠子・伊藤敏幸・大野弘幸

編　集　日本化学会　©2021

発行者　南條光章

発行所　**共立出版株式会社**
　　　　[URL]　www.kyoritsu-pub.co.jp
　　　　〒112-0006 東京都文京区小日向4-6-19　電話 03-3947-2511 （代表）
　　　　振替口座　00110-2-57035

印　刷　藤原印刷

製　本　協栄製本

printed in Japan

検印廃止

NDC　431.13

ISBN 978-4-320-04478-4

一般社団法人
自然科学書協会
会員